宝宝健康营养餐与辅食大全

艾贝母婴研究中心◎编著

四川科学技术出版社

宝宝是父母生命的延续，宝宝的健康成长是父母最大的心愿。0～6岁是宝宝体格和智力发育的重要时期，也是对营养要求最严格的时期，合理的营养摄入不仅让宝宝长得健壮，还能促进宝宝的大脑发育，有助于宝宝的智力提高。因此，父母在这一时期应给予宝宝尽可能完美的营养。

让很多父母头疼的是，宝宝的消化系统还没有发育到成人的水平，对各种营养素的需求量也与成人有很大的差别。不仅如此，处于快速发育阶段的宝宝对营养素和食物口味的需求是名副其实的"日新月异"，令新爸新妈措手不及，不知道什么样的食物最适合宝宝，什么色彩的食物最能吸引宝宝，什么样的吃法最有利于哺育聪明的宝宝。

我们编撰此书的目的正是为了解决父母的这些后顾之忧，让0～6岁宝宝的饮食有章可循，只要您仔细阅读本书，根据本书的建议给宝宝合理的喂养，就一定能让宝宝聪明又健康。本书根据不同年龄段宝宝的营养需求和身体特点，分阶段精选健康、营养的美食，不仅注意色、香、味、形，更全面涵盖饮品、粥、菜、汤、点心，让宝宝不偏食，吃得开心，并能完整吸收食物中的丰富营养素。本书还挑选了几百道特效功能餐，来强化宝宝的免疫力，让宝宝大脑聪明、视力良好、肠胃健康、骨骼强壮，健康成长、发育。

此外，本书还详细介绍了发热、流行性感冒、腹泻、便秘、肥胖症、营养性贫血、湿疹、手足口病等16种宝宝常见不适和疾病的调理食谱，让宝宝不吃药、不打针，就能轻松缓解疾病和预防疾病。

总之，愿父母们都能掌握科学的喂养方法和实用的厨艺，给宝宝添加最需要的成长"燃料"，让我们一起为宝宝的健康成长努力吧！

目录

第一章 0～1岁分阶段宝宝喂养食谱

第二章　1～3岁分阶段宝宝喂养食谱

第三章　4～6岁聪明宝宝营养餐

第四章　0~6岁宝宝特效功能食谱

0~1岁 分阶段宝宝喂养食谱

流质型辅食——4个月后的宝宝，初探食物滋味

在继续坚持配方奶粉或混合喂养的同时，4个月后的宝宝可以适量添加一些简单、易消化的液体状辅食，如蔬菜汁或水果汁等。尤其是人工喂养的宝宝更应及早添加辅食，因为人工代乳品在制作过程中煮沸消毒时，易把维生素C破坏掉，而维生素C多存在于新鲜的水果和蔬菜中。

值得注意的是，添加菜汁和果汁的多少要完全依照宝宝的接受程度和进食后的反应而定，如果宝宝乐意接受并且没有不良反应就可以继续添加。反之，就要延迟添加的时间。

添加辅食前的准备

4个月后的宝宝应该进行适量的辅食锻炼，为下个阶段添加辅食做必要的准备。

让宝宝适应食物的味道

为了让宝宝习惯母乳及配方奶以外的食物味道，可以从喂食果汁开始。将新鲜水果榨汁后，再加两倍的温开水稀释成果汁。等宝宝习惯这种方式后，就可以接着试喂蔬菜汤。果汁或汤都是液体，并非辅食，它们只是为了让宝宝习惯食物

的味道和口感，如果宝宝不喜欢，也不要勉强。

开始时果汁或汤一天最多喂30毫升

宝宝的大部分营养依然来自于母乳或配方奶，所以喂果汁或汤，应以不影响哺乳量为宜。一天喂的分量，最多30毫升（约2汤匙）。

配合辅食的添加，调整哺乳的节奏

随着宝宝的成长，母乳或配方奶的营养会逐渐不足，因此要进入吃辅食的阶段。宝宝4个月后，为了开始喂辅食，就要适当调整哺乳的节奏。哺乳间隔3～4小时为宜，以便顺利添加辅食。

进餐教养

由于宝宝出生后只能通过乳头或奶瓶上的奶嘴进食并感受食物，所以宝宝已经习惯了妈妈的乳头或奶嘴。如果此时不及时让宝宝适应一些日后要用的餐具，将很难改变宝宝对乳头或奶嘴的依赖。

在这个阶段，妈妈可以用汤匙喂宝宝喝点稀释的果汁或蔬菜水，让宝宝感受汤匙的碰触感。可以用汤匙轻轻刺激宝宝的舌部，让宝宝含在口中，并出声告诉他"咕噜"，让宝宝随声吞下汁水。用汤匙喂宝宝时切不可焦急，宝宝喝一口算一口，然后可以逐渐增加汁水量。如果想让宝宝尝尝新食物的口味，最好选择宝宝空腹（喂乳之前）的时候让他们学习接受，然后，一点点、慢慢地推进新的食品。

添加辅食，步步为营

辅食是指婴儿期除乳制品以外的为满足宝宝生长发育而提供的易于被宝宝消化、吸收的食品。因为宝宝的消化道十分娇嫩，许多的消化酶分泌还不完善，所以添加辅食必须适应宝宝消化系统的生理特点才行。

添加辅食的原则

年轻的妈妈非常关心如何给自己的宝宝添加辅食。专家给出的建议是，给宝宝添加辅食一定不要盲目，应遵循一定的原则，否则非但达不到目的，反而可能造成宝宝消化不良的后果。那么添加辅食应遵循哪些原则呢？

由少到多。添加辅食应使宝宝有一个适应的过程。如添加蛋黄，宜从1/4个开始，5～7天后如无不良反应，则可增加到1/3～1/2个，以后逐渐增加到1个。

由细到粗。如添加绿叶蔬菜时，应从菜汤到菜泥，乳牙萌出后可试着给宝宝吃碎菜。

由稀到稠。如从乳类开始到稀粥，再从稀粥到稠粥，从稠粥再到软饭。

由一种到多种。待宝宝习惯了一种食物后，再添加另一种食物，不能同时集中添加食物，否则会导致宝宝消化不良。

掌握合适的时机。添加辅食应在宝宝没有生病且消化功能正常时逐步添加。

添加辅食的注意事项

婴儿期是生长发育最快的时期，这时身体各个器官尚未成熟，消化功能较弱，辅食添加不合适，会出现胃肠功能紊乱而引起消化不良。因此，在添加辅食时，要考虑到宝宝的生理特点。

不能操之过急。宝宝虽能吃辅食了，但消化器官毕竟还很柔嫩，不能操之过急，应视其消化功能的情况逐渐添加。如果任意添加，同样会造成宝宝消化不良或肥胖。也不能让宝宝随心所欲，要吃什么就给什么，想吃多少就给多少，这样不但会造成营养不平衡，还会养成偏食、挑食等不良饮食习惯。

给宝宝吃的食品不宜过于精细。过于精细，会使宝宝的咀嚼功能得不到应有的训练，不利于其牙齿的萌出和萌出后的排列。另外，食物未经咀嚼就咽下，无法引起宝宝的食欲，也不利于味觉、面颊的发育。长期下去，宝宝只吃粥、面，不吃饭菜，不但影响生长发育，还会影响大脑的发育、智力的开发。

根据不同月龄添加辅食。添加辅食必须适应不同月龄宝宝的消化能力，而且根据宝宝的个体差异灵活掌握食物品种及数量，各类食品应适当搭配。辅食宜清淡，少放或不放盐，更不能放带有刺激性的调味品。添加辅食种类应以蛋、水果和蔬菜为主。

添加辅食要有耐心。给宝宝添加辅食，要遵循科学规律，否则易引起腹泻、呕吐等不良反应。喂辅食要有耐心，要持之以恒。在宝宝不爱吃时不要勉强喂，一次没有添加成功不能就此停止。为了让宝宝尽可能多地吃母乳，可在吃完母乳以后再喂辅食。

添加辅食的顺序

由于母乳所含的维生素A、维生素D不足，所以出生后2～3周起即可逐步添加浓鱼肝油，但是这一般不作为添加辅食对待。到4个月以后，才开始进入辅食的准备阶段。最初宜选择液体、糊状的不含膳食纤维的食物，再逐步过渡到半流质、软食和固体食物。

月龄	添加的辅食重点	供给的营养素
4～6个月	米糊、烂粥、蛋黄、鱼肉泥、豆腐、动物血、菜泥、水果泥	动植物蛋白、铁、钙、维生素A、B族维生素、维生素C
7～9个月	烂面条、烤馒头片、饼干、鱼、蛋、肝泥、肉末	动植物蛋白、铁、锌、维生素A、B族维生素
10～12个月	稠粥、软饭、挂面、馒头、面包、碎菜、碎肉、豆制品	蛋白质、糖类、维生素、膳食纤维、钙、硒、镁

制作辅食的必备工具

走进厨房，会发现厨房早已有了大部分制作辅食所必需的工具，包括刀（两把，切菜与切肉需分开）、菜板、削皮器等。但还是要准备一些辅食精细加工的工具。

制作工具

擦碎器

擦碎器是做丝、泥类食物必备的用具，有两种：一种可擦成颗粒状，一种可擦成丝状。每次使用后都要清洗干净晾干，食物细碎的残渣很容易藏在细缝里，要特别注意。

蒸锅

蒸熟或蒸软食物用，是制作辅食常用的烹饪工具。普通蒸锅就可以了，也可以使用小号蒸锅，省时、节能。

铁汤匙

可以刮下质地较软的水果，如木瓜、哈密瓜、苹果等，也可在制作肝泥时使用。

小汤锅

烫熟食物或煮汤用，也可用普通汤锅，但小汤锅省时、省能。汤锅要带盖儿的。

过滤器

普通过滤网或纱布（细棉布或医用纱布）即可，每次使用之前都要用开水浸泡一下，用完洗净、晾干。

磨泥器

将食物磨成泥，是辅食添加前期的必备工具，在使用前需将磨碎棒和器皿用开水浸泡一下。

榨汁机

可选购有特细过滤网、可分离部件清洗的。因为榨汁机是辅食前期的常用工具，如果清洗不干净，特别容易滋生细菌，所以清洁时要格外用心，最好在使用前、后都进行清洗。

进食用具

婴儿餐椅

可以培养宝宝良好的进餐习惯，会走路以后吃饭也不用追着喂了。

匙

需选用软头的婴儿专用匙，宝宝自己独立使用的时候，不会伤到他自己。

围嘴（罩衣）

半岁以前只需防止宝宝弄脏自己胸前的衣服，半岁以后，随着宝宝活动的范围大大增加，就需准备带袖的罩衣了。

餐具

要选用底部带有吸盘的，能够固定在餐桌上，以免在进食时被宝宝当玩具给扔了。

口水巾

进食时随时需要擦拭宝宝的脸和手。

保鲜用品

如果时间充裕，还是建议妈妈只做一顿的量，现做、现吃最健康。

保鲜盒

做多了的辅食可以存在保鲜盒里冷藏起来，以备下一次食用。

储存盒

宝宝外出玩耍时，带着的小点心或切成丁的水果可以放到储存盒里。如果带着的是水果，还要带几只牙签，最好用保鲜膜包起来。

冷藏专用袋

最好是能封口的专用冷藏袋，做好辅食分成小份，用保鲜膜包起来后放入袋中。

宝宝营养食谱

胡萝卜水

材料 胡萝卜100克

做法

1.胡萝卜洗净、去皮，取其中心的部分为原料。

2.将胡萝卜内心切成片放在碗里，加半碗水，把碗放在笼屉上蒸10分钟。

3.将碗内的黄色水倒入杯中即可喂食。

菠菜水

材料 菠菜50克

做法

1.将菠菜洗净，切碎。

2.将锅放在火上，加水烧开后加入碎菠菜，盖好锅盖稍煮，将锅离火，然后用干净纱布或滤网将菜水滤出，放温即可饮用。

山楂水

材料 新鲜山楂20克，白糖适量

做法

1.新鲜山楂洗净，放入锅内加水煮沸，用小火煮15分钟。

2.捞出，去山楂皮与核。

3.将山楂汁倒入杯中加白糖调匀，凉至常温后即可饮用。

胡萝卜蜜枣水

材料 胡萝卜100克，蜜枣10克

做法

1.胡萝卜去皮，洗净切片；蜜枣洗净。

2.把适量水煲滚，放入蜜枣、胡萝卜片，煲滚后慢火再煲1小时使出味，滤去渣即可饮用。

橘子汁

材料 橘子100克

做法

1.将橘子洗净，切成两半。

2.取一半橘子，切面朝下，套在旋转式果汁器上，一边旋转一边向下挤压，橘子汁即流入果汁器下面的容器中。

3.取出橘子汁，加适量温开水调匀，即可给宝宝饮用。

西瓜汁

材料 西瓜50克

做法

西瓜去皮、去瓤，以榨汁机榨汁即可喂食。

贴心·提示 西瓜汁富含丰富的维生素C、葡萄糖、维生素B_1，并含有多种氨基酸、磷、铁等成分；西瓜含钾量很高，有利尿的作用，所以晚上睡前不宜喂食。西瓜不要冰镇的，以免伤宝宝的胃。

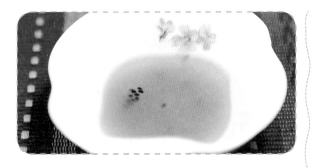

猕猴桃汁

材料 猕猴桃100克，白糖少许

做法

将猕猴桃去皮，切成小块，放入搅拌机，加温开水搅拌榨汁，倒出来加白糖调味即可。

贴心·提示 猕猴桃是一种营养价值极高的水果，含十几种氨基酸、多种矿物质、维生素和胡萝卜素，被誉为"水果之王"，对缓解小儿厌食有一定疗效。

黄瓜汁

材料 新鲜黄瓜150克，白糖适量

做法

把新鲜黄瓜切片，用白糖腌一下，加冷开水在榨汁机中取汁直接饮用。

贴心·提示 饮用黄瓜汁的时候，如果宝宝觉得稀释后的黄瓜汁口感有点苦涩的话，可以适量加一点儿奶粉调味。

香瓜汁

材料 新鲜香瓜100克

做法

1.将新鲜香瓜洗净，剖开，去籽，切成小块。
2.将香瓜块置于榨汁机中，加入温开水，榨出汁即可。

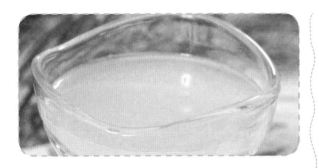

雪梨汁

材料 雪梨150克，冰糖少许

做法

1.将雪梨洗净，去皮、核，切成小块。

2.将雪梨块放入榨汁机中，加入适量纯净水以及冰糖，榨汁打匀即可。

玉米汁

材料 新鲜玉米150克

做法

1.将新鲜玉米煮熟，放凉后把玉米粒掰到器皿里。

2.按1：1的比例，将玉米粒和温开水放到榨汁机里榨成汁，倒入碗内。

3.用滤网滤掉玉米渣即可。

西红柿汁

材料 西红柿50克

做法

1.将新鲜、成熟的西红柿洗净，用开水烫软后去皮切碎。

2.用清洁的双层纱布包好，把西红柿汁挤入杯内。

3.在西红柿汁中加温开水冲调后即可喂食。

贴心·提示 在西红柿的底部用小刀浅划十字，再放入开水中烫，这样更容易去皮。

红枣苹果汁

 新鲜红枣100克，苹果200克

做法

1.将新鲜红枣、苹果分别清洗干净，再用开水略烫备用。

2.红枣倒入炖锅，加水，用微火炖至烂透。

3.将苹果切成两半，去皮、核，用小勺在苹果切面上将果肉刮出泥。

4.将苹果泥倒入红枣锅中略煮，过滤后给宝宝食用。

蓝莓葡萄汁

 蓝莓20克，葡萄10克

做法

将蓝莓、葡萄洗净后放入果汁机中，加适量水打匀，即可。

贴心·提示 这款果汁可以为宝宝补充维生素，增强抵抗力，促进宝宝生长发育。

菠菜汁

 菠菜100克（也可以用其他绿叶蔬菜制作）

做法

1.将菠菜洗净、切碎，放入榨汁机里，加入与菠菜等量的清水榨成汁。

2.将榨好的菠菜汁，放入锅中烧开后继续烧3分钟左右，滤除渣子，放温后即可喂食。

胡萝卜糊

材料 胡萝卜25克，苹果15克

做法

1.将胡萝卜洗净之后炖烂，并捣碎；苹果削好皮用擦菜板擦好。

2.将捣碎的胡萝卜和擦好的苹果加适量的水，用文火煮成糊状即可。

贴心·提示 胡萝卜含有丰富的β－胡萝卜素，可滋肝、养血、明目。

香蕉泥

材料 香蕉100克

做法

1.将香蕉去皮。

2.用汤匙将果肉压成泥状即可。

贴心·提示 在喂食一种新的果泥时，先以一汤匙来试食，看看宝宝是否有过敏反应，再决定是否可以给宝宝食用。

牛奶香蕉糊

材料 香蕉20克，牛奶30毫升，玉米面5克

做法

1.将香蕉去皮后捣碎。

2.玉米面、牛奶放入小锅内搅匀，锅置火上，煮沸后改文火并不断搅拌，以防烟锅和外溢，待玉米糊煮熟后放入捣碎的香蕉，调匀即成。

蛋黄泥

材料 鸡蛋50克，牛奶20毫升

做法

1.将鸡蛋放入凉水中煮沸，中火再煮4～6分钟。
2.剥壳取出蛋黄。
3.加入牛奶，用勺调成泥状即可。

南瓜浓汁奶

材料 南瓜200克，鲜牛奶50毫升

做法

1.先将南瓜洗净，去皮、去瓤，切丁，放入榨汁机中，打成泥状。
2.把南瓜泥倒入小锅中，加入鲜牛奶，用小火煮开，拌匀即可。

莲藕汤

材料 莲藕500克，胡萝卜200克，冬菇100克

做法

1.莲藕洗净、切段、拍松，加水放入搅拌器打成莲藕酱；胡萝卜去皮切段，同样放入搅拌器打成浆；将冬菇浸软切碎。
2.取紫砂煲洗净，放入莲藕浆、胡萝卜浆和冬菇末，加水适量，大火煮开，转小火慢煲1个小时，不加任何调料，给宝宝喝汤。

吞咽型辅食——5～6个月，让宝宝吃好

5～6个月的宝宝，已经开始学着坐起来了，这时候可以让宝宝学着用杯子和小碗进食。当宝宝能从杯子、碗里接受食物以后，就可以慢慢从单独吃奶中脱离出来，接触更多的食物。

刚开始让宝宝尝试时，可先给他一只体积小、重量轻、打不碎又容易拿住的空杯子或空碗，让他学着大人的样子假装喝东西。等到宝宝有了一定兴趣后，可每天鼓励他从杯子、碗里呷几口奶，让宝宝意识到奶也可以来自杯子、碗中。时间一久，自然而然宝宝就愿意接受了。等宝宝掌握了一定技巧之后，再正式用杯子给他喝。

如果宝宝过一段时间后又对杯子、碗没兴趣了，可换一只形状、颜色不同的新杯子、碗，或更换一下杯子、碗中食物的口味，就会重新激起宝宝的兴趣。

宝宝适合吃哪些辅食

这时候大多数宝宝还未长牙，咀嚼能力差，添加的辅食一定要少而烂，以适应宝宝的消化能力。通常这时候宝宝能够接受的食物有米糊、营养米粉、烂粥及豆腐、菜泥、水果泥、蛋黄、动物血、鱼肉泥等。

糊类、泥类食物

米粉、米糊很适合在宝宝添加辅食的初级阶段食用，冲调时可适量加入蛋黄、鱼肉泥等，以提高营养价值。此时的宝宝适合吃菜泥，最好选用新鲜深色的蔬菜。制作时将菜叶洗净剁成泥，再放入蒸锅蒸熟后放凉，喂给宝宝吃。

新鲜水果

适合宝宝吃的水果有苹果、香蕉、鲜橙、橘子、梨等。应先将水果洗净，然后榨汁或用勺子刮喂。

富含蛋白质的食物

蛋黄、动物血（如鸭血、猪血）都含有较多的铁质和蛋白质，且易消化，是宝宝理想的食品。可将鸭血、猪血隔水蒸熟，切成末，调入烂粥中喂给宝宝。鱼肉营养丰富、味道鲜美，并且易于消化，也是宝宝的理想食物。5个多月的宝宝可以开始添加一些鱼肉泥。一般可选择鲫鱼、鳊鱼、青鱼鱼肚上的肉。

进餐教养

训练进餐礼仪

在每次喂宝宝前，要先给宝宝洗净双手和脸，接着用愉快的声音说："我们开始吃饭啦！"然后，就在这种快乐的气氛下喂食。进餐完毕要向宝宝示范说："吃饱了"，同时也要为宝宝清洗双手和脸。像这样的礼仪，不论宝宝是否会做，家长都要从这个时期反复地在宝宝面前示范，以便养成习惯。

用勺喂宝宝

宝宝今后一段时间要吃的食物基本上都是半固体或固体食物，所以应该开始让宝宝练习用勺子吃东西了。妈妈最好在每次喂奶前，先试着用小勺给宝宝喂些好吃的食物，或在大人吃饭时顺便用小勺给宝宝喂些汤水。宝宝慢慢地就会对小勺里的食物感兴趣并接纳用勺子吃东西了，为以后独立吃饭打下基础。

喂宝宝喝汤的技巧

当宝宝能独立进餐时，他就可以自己拿着餐具喝汤了。但对于较小的宝宝而言，自己喝汤还有些困难。这时，妈妈要掌握辅助宝宝喝汤的技巧，帮助宝宝把汤喝下去。先把宝宝抱起来，让其感觉舒服、安心；然后端起汤碗；用汤匙舀起汤汁轻轻地放在宝宝下唇位置，将汤匙调成水平角度；使汤匙慢慢倾斜，将汤移动到宝宝的舌面上，让宝宝把汤喝下去。

各阶段的食物处理方式

宝宝的饮食要与牙齿及肠胃的发育状况相适应。在快速发育的婴儿期，辅食制作会有很大的变化。为了配合宝宝各阶段的成长，同样的食材，必须有不同的处理方法。

1岁以内，食物分阶段处理方式

	4个月	5～7个月	8～9个月	10～12个月
	汁的阶段	泥的阶段	颗粒的阶段	小块的阶段
苹果	洗净切块，放入榨汁机榨汁，喂食过滤后的汁	用铁汤匙刮成泥状喂食	切成碎丁，可以让宝宝自己用手抓着吃	切成小块放在碗里，让宝宝捏着放入嘴里
胡萝卜	切片放在碗里，加水，蒸熟。喂食碗内的水	蒸熟，用铁汤匙或磨泥器捣成泥喂食	蒸熟，切成小颗粒，让宝宝大把抓着往嘴里送	切成条，蒸熟后放在碗里，让宝宝自己拿着吃
鱼肉		蒸熟、去刺，用铁汤匙碾成泥，加入粥里喂食	炖熟去刺，撕成肉丝放在碗里，宝宝大把抓着吃	蒸熟去刺，大块置于碗里，让宝宝用手指捏着吃
豆腐		煮熟磨碎，加入粥里喂食	从菜汤里拣出来置于碗里，用汤匙压扁，让宝宝抓着吃	菜汤里的豆腐块拣出来，让宝宝用手指捏着吃
西蓝花	洗净切块，放入榨汁机榨汁，喂食过滤后的汁	切成小朵，煮熟磨碎，加入粥里喂食	切成小朵煮熟捞出，剁成更小的块，让宝宝大把抓着吃	切成小朵，煮熟捞出，让宝宝用手捏着吃
猪肉		煮熟，剁碎，加入粥里喂食	煮熟，剁成肉末，让宝宝大把抓着吃	煮熟，切成小块，让宝宝捏着吃

宝宝1岁以后的食物，与成人食物的处理方式无异。因此，好妈妈不仅需要具备爱心，还要做一个一流的厨师，才能让宝宝健康、快乐地成长。

宝宝营养食谱

 粳米汤

材料 粳米100克

做法

1.粳米淘洗净，加水，大火煮开，调小火慢慢熬成粥。

2.粥熬好后放3分钟，然后用勺子舀取上面不含饭粒的米汤，放温即可喂食。

 果味胡萝卜汁

材料 新鲜胡萝卜、新鲜苹果各100克

做法

1.新鲜胡萝卜、新鲜苹果削皮，洗净后切成小丁。

2.放到锅里，加水，煮20分钟。

3.熄火放凉，用干净的纱布滤出汁，即可。

 水蜜桃汁

材料 新鲜水蜜桃250克

做法

1.新鲜水蜜桃用清水洗净，去皮。

2.将水蜜桃切开、去核、切成小块，放入榨汁机榨汁即可。

 甜瓜汁

材料 甜瓜45克

做法

将甜瓜去皮,将瓤剜出之后切成小块,再用勺子将甜瓜捣碎,在纱布里挤出汁液,再用适量温开水冲调后即可饮用。

 南瓜汁

材料 南瓜50克

做法

1.南瓜去皮,切成小丁蒸熟,然后将蒸熟的南瓜用勺压烂成泥。

2.在南瓜泥中加适量开水稀释调匀后,放在干净的细漏勺上过滤一下取汁食用。

3.南瓜一定要蒸烂,也可加入米粉中喂宝宝。

 米汁

材料 小米30克

做法

1.将小米淘洗干净。

2.放入锅内,加入适量的水,煮至米烂汤浓。

3.撇取上面的米汁食用。

什果泥

材料 哈密瓜、西红柿各适量，香蕉100克

做法

1.将所有材料洗净、去皮。
2.用汤匙刮取果肉，然后压碎成泥状。
3.搅拌均匀即可。

茄子泥

材料 嫩茄子50克

做法

1.将嫩茄子洗净、去皮，切成1厘米左右的细条。
2.将茄子条放入一个小碗里，上锅蒸15分钟左右。
3.将蒸好的茄子用小勺研成泥状即可。

贴心·提示 茄子一定要选择嫩的。老茄子的子不易吞咽，还容易呛入气管。

三文鱼泥

材料 三文鱼30克

做法

1.三文鱼洗净后去皮，放入碗内。
2.上锅隔水蒸7分钟左右。
3.取出鱼肉碾成泥即可。

贴心·提示 三文鱼泥富含钙质和碳水化合物、维生素A、卵磷脂等营养素，是补充钙质的良好来源，同时还有健脑的作用。

鸡肉泥

材料 鸡肉末15克，鸡汤10毫升，牛奶15毫升

做法

把鸡肉末和鸡汤一起放入锅内煮至五成熟后放入容器内研碎，再放入锅内加牛奶，继续煮至黏稠状即可。

贴心·提示 本品含有丰富的蛋白质、脂肪、碳水化合物、钙、磷、铁、钾及维生素A、B族维生素、维生素C等多种营养素。

核桃仁豌豆泥

材料 新鲜豌豆、核桃仁、藕粉各50克，白糖适量

做法

1.新鲜豌豆用水煮烂，盛出，去皮后捣碎成细泥，放入冷水中调成稀糊状。

2.核桃仁用开水煮一会儿，剥去皮，用温热油炸透捞出，待稍凉后，剁成细末。

3.锅内加水烧开，加入白糖、豌豆泥，搅匀，煮开后，将调好的藕粉缓缓倒入，调成稀糊状，撒上核桃仁末即可。

鱼肉糊

材料 鱼肉50克，鱼汤、盐各少许，淀粉适量

做法

1.将鱼肉切成2厘米见方的小块儿，放入开水锅内，加入盐煮熟。

2.鱼肉除去鱼骨、刺和皮，放入碗内研碎。

3.将研碎的鱼肉放入锅内加鱼汤煮，淀粉用水调匀后倒入锅内，煮至糊状即成。

牛奶藕粉

材料 藕粉、牛奶、水各适量

做法

将藕粉、牛奶、水一起放入锅内，均匀混合后用微火煮，边煮边搅拌，至透明糊状即可。

洋葱糊

材料 洋葱30克，黄油5克，面粉10克，干酪粉、肉汤各少许

做法

1.将洋葱洗净、切成末，煎锅里放黄油煸炒洋葱。
2.当洋葱炒至透明时放入面粉继续炒，然后加入肉汤并轻轻搅拌。
3.撒上干酪粉即成。

牛肉汤米糊

材料 牛肉100克，婴儿米粉适量

做法

1.将牛肉洗净，切片。
2.锅置火上，加入适量清水，放入牛肉，熬制1小时。
3.将牛肉滤出，留下肉汤，等肉汤稍凉后加入婴儿米粉中搅拌均匀即可。

> **贴心·提示** 此品补充蛋白质、肽类，给小宝宝吃非常有营养。给宝宝冲婴儿米粉时，可经常加入鱼汤、肉汤之类的，会更有营养。

土豆粥

材料 土豆30克，牛奶30毫升，熟蛋黄6克

做法

1.将土豆去皮，炖烂，捣碎并过滤。
2.将土豆泥加牛奶用文火煮，并轻轻搅拌。
3.待土豆泥黏稠后将熟蛋黄捣碎放在里面即可。

奶香芹菜汤

材料 芹菜150克，牛奶100毫升，面粉10克，盐少许

做法

1.将芹菜择洗干净，切末备用；将牛奶倒入一个干净的大碗中，加入盐及2小匙面粉，调匀。
2.锅内加入1杯清水煮开，倒入芹菜末煮熟。
3.将调好的牛奶面糊倒入芹菜汤中，煮沸即可。

贴心·提示 此汤清淡适口，鲜香开胃，具有益胃养阴的功效。

豆腐蔬菜汤

材料 胡萝卜10克，嫩豆腐150克，荷兰豆5克，蛋黄15克

做法

1.将胡萝卜去皮，与荷兰豆煮熟后，分别切成极小的块。
2.将水与上一步中的材料放入小锅，嫩豆腐切成小块放进去，直到煮沸。
3.最后将蛋黄打散加入锅里煮熟即可。

薏米南瓜汤

材料 绿豆、薏米仁各20克，南瓜50克，白糖适量

做法

1.南瓜洗净、去皮，切成各种形状的小块。
2.锅中放适量清水，放入绿豆和薏米仁同煮。
3.待绿豆、薏米仁软烂后，放入切好的南瓜块，再煮10分钟，加入白糖调味即可。

贴心·提示 此汤具有祛湿解毒、生津健脾的功效。

芹菜米粉汤

材料 芹菜（含芹菜叶）100克，米粉50克，盐少许

做法

1.芹菜洗净切碎，米粉泡软待用。
2.将汤锅内加水烧开，放入碎芹菜和米粉，焖煮3分钟，加盐少许即可，给宝宝喝汤。

贴心·提示 米粉含有丰富的碳水化合物、维生素、矿物质及酵素等，能迅速熟透、易于消化；芹菜富含维生素和纤维素。

芹菜红枣汤

材料 芹菜100克，红枣25克，植物油、葱段、盐各少许

做法

1.将芹菜择洗干净，切成小段；红枣洗净，去核。
2.锅置火上，放植物油烧热，放入葱段爆香，加入芹菜段煸炒，放入适量水、红枣、盐煮至熟即可。

 奶香芝麻羹

材料 牛奶100毫升，芝麻20克，白糖5克

做法

1.将芝麻炒熟，研成细末。

2.牛奶煮沸后，加入白糖，搅拌均匀。

3.再放入芝麻末调匀即可。

 蛋黄羹

材料 鸡蛋50克

做法

1.将鸡蛋打入碗里，去掉蛋清，加入等量的清水，用筷子搅成稀稀的蛋汁。

2.把盛蛋黄的碗放到刚刚冒出热气的蒸锅里，用小火蒸10分钟即可。

贴心·提示 蛋黄含DHA、卵磷脂和核黄素，能健脑益智，改善记忆力。如食用后起皮疹、腹泻、气喘等，应暂停喂食，等到7～8个月时再添加。

 栗子羹

材料 板栗250克，红枣100克，淀粉、白糖各少许

做法

1.板栗放入冷水锅中煮熟，趁热去壳和膜，再上蒸笼蒸酥，切成豆粒大小。

2.红枣泡软后去皮、去核待用。

3.在锅内加入400毫升水，烧沸后加白糖、板栗肉、红枣，再烧沸改小火煮5分钟，用淀粉勾芡，用勺搅匀即可。

银耳鸭蛋羹

材料 鸭蛋80克，水发银耳50克，白糖适量

做法

1.将水发银耳去杂、洗净，放入锅中加水煮一段时间，煮到软为止。
2.鸭蛋打入碗中搅匀，倒入锅中煮沸，加白糖稍煮即可。

美味黄鱼羹

材料 黄鱼500克，韭菜20克，瘦猪肉、鸡蛋各30克，姜末少许，植物油、香醋、淀粉各适量

做法

1.将瘦猪肉切细丝；黄鱼去头、尾，鱼骨剔除，留下鱼皮，一起用清水洗净。
2.将少许姜末、瘦猪肉和黄鱼放入盘中，上笼蒸10分钟。
3.取出后理净小骨刺，切碎备用。
4.锅烧热后放入植物油，下肉丝煸炒，再将鱼下锅，加适量水，烧滚后加入香醋、淀粉，最后放进打散的鸡蛋、韭菜、姜末即可。

冰糖莲子梨

材料 梨70克，冰糖少许，莲子适量

做法

1.梨洗净，去皮、去核切成小方块；莲子去心泡涨。
2.将梨块、莲子和冰糖放入小碗中，加适量水，放置蒸锅中，蒸至冰糖溶化即可。

蠕嚼型辅食——7~8个月，牙齿倍儿好，身体倍儿棒

7~8个月的宝宝已经非常活泼好动了，对于食物的接受程度也大大提高。宝宝的牙床已经非常坚硬，有的宝宝长出了几颗小牙齿，即使没有牙齿也会用舌头和上颚压夹食物，将食物压碎。压碎食物时，宝宝的嘴巴会向左右伸缩扭动。一般将这个时期称为蠕嚼期。

这时可以给宝宝喂一些稍硬的食物，以锻炼他的咀嚼能力。当然宝宝的成长速度各不相同，有的长得快，有的长得慢，一定要根据实际情况制订喂养方案。

让宝宝享受用手抓着吃的乐趣

这个阶段的宝宝特别喜欢自己用手抓着吃食物。有许多爸爸妈妈不让宝宝用手抓着吃，担心宝宝的手脏，会吃下不干净的东西，或者怕宝宝吃得到处都是。这种做法是非常不可取的，可能会打击他们日后学习自己吃饭的积极性。

宝宝用手抓东西吃，是他主动学习的表现，可以让宝宝吃得更多；同时还可以训练手的技能，使手的动作更加灵活，有利于智力的发展。此外，还可以培养宝宝自己进食的意识和能力，为日后自己进食打下良好的基础；宝宝用手抓东西吃还能满足进食的要求，享受食物带来的乐趣，培养良好的情绪，有利于情感的发展等。

为自己使用餐具吃饭做准备

宝宝已经有了很好的抓握能力，可以让他学习用杯子和碗喝东西、吃饭了。对于这些"新朋友"，宝宝是非常感兴趣的，妈妈要抓住这个时机，让宝宝从一开始就喜欢上他的餐具。

食物的硬度不能太大

这个阶段宝宝刚开始长牙，辅食的硬度和其他时期比起来较难掌握，太软或太硬都不合适。大致上妈妈能用手指轻松压碎，或像南瓜和土豆快要煮散前的硬度就可以了。妈妈可以将自制的辅食和

适合这个月龄食用的市售婴儿食品做比较，也是掌握软硬度的一个方法。喂食时，请注意观察宝宝嘴巴的动作，如果没有咀嚼就吞咽下去，就说明食物太软或者太硬，不适合这个阶段的宝宝。

进餐教养

这个月龄的宝宝乳牙已经长出，咀嚼运动也开始有了节奏，所以，妈妈可以把辅食调理成能用舌头捣碎的硬度，每天喂两次。在这个阶段里，宝宝的进餐教养同样不可忽视。

良好的进餐习惯

进餐前仍然要对宝宝说："要吃饭了，宝宝先洗洗小手。"然后帮助宝宝洗手。妈妈在喂食时应该以动作示范。例如说："啊，嘴巴张得大大的""嚼一嚼"之类的话。如果宝宝学会很配合妈妈，并且学着咀嚼食物，妈妈一定要好好地夸奖宝宝。

宝宝就餐时间不能拖得过长，一旦超过30分钟，开始边吃边玩时，妈妈就要及时结束喂食，告诉宝宝进餐结束了。然后利落地收拾餐具，千万不要让宝宝在这个阶段把进餐和游戏画上等号。进餐前后的礼貌语言，也要好好地

教导示范，潜移默化地对宝宝形成影响。餐后也要为宝宝洗脸和手，养成清洁的习惯。

训练宝宝养成在固定地点吃饭的习惯

这个阶段的宝宝大多可以自己坐了，因此，让宝宝坐在有东西支撑的地方喂饭是件容易的事。这时，不仅要让宝宝坐着吃饭，而且要让他每次吃饭都在同一个地方，最终才能形成条件反射，使宝宝明白坐在这个地方就是准备吃饭的。

适合宝宝的食物

蔬菜菌菇类

蔬菜含有人体必需的维生素和矿物质等营养素，可增加宝宝食欲，刺激消化液的分泌，促进消化吸收。从宝宝4个月起，就应给宝宝添加菜水，可用菠菜、西红柿、甜椒、南瓜、胡萝卜或茄子制作。

应季蔬菜。从宝宝开始进食辅食时就可以喂食了，可以从菜水开始，菜泥、菜粒，逐渐过渡到成年人的吃法。建议宝宝不要吃反季节蔬菜，以免其中的激素影响到宝宝的发育。

大蒜。对宝宝肠胃刺激比较强，1岁以内不建议食用。

菌菇类。从6个月开始就可以食用了，煮熟后剁碎了再喂食。菌菇类食物含有丰富的纤维，很适合预防宝宝便秘。菌菇类食物的口感与味道是宝宝喜欢的。

水果类

水果含水量高，热量低，蛋白质少，含有宝宝正常发育所需要的维生素C，而且酸甜可口，宝宝会比较喜欢吃。从

4个月起，就可以给宝宝饮用果汁。宝宝进食水果的方法与成人无异，常见的水果有苹果、西瓜、香蕉、梨、桃等。

应季水果。宝宝几乎可以食用所有的水果，要注意将果皮和核去除干净。因为是生食，要注意选择新鲜水果。同样，不建议选择反季节水果。

市售果泥。对于忙碌的妈妈，这也是一个可选项，但要注意谨慎选择不加防腐剂的产品。

豆制品类

豆制品是以大豆为原料制成的，所含的营养素全面而丰富，且蛋白质质量优良，并含有大量的不饱和脂肪酸和对人体健康起重要作用的磷脂。

宝宝在7个月之后，就可以考虑吃豆制品了，包括豆腐、豆浆、豆皮等。

蛋类

鸡蛋中的蛋白质极易被宝宝吸收，其所含的中性脂肪，易于消化，利于宝宝大脑的发育。同时还是最佳的补铁食物。常见的蛋类辅食就是蛋黄羹。宝宝满4个月以后，就可以喂食蛋黄羹了。

粥类

粥类是既适合宝宝食用，又有丰富营养的食品。为加强营养，可在为宝宝煮制的粥中加入一定数量的鱼、肉、蛋、猪肝、豆制品等。粥类食物可在宝宝5个月以后逐渐添加。适合用来熬粥的谷物有小米、大米、麦片等。

块茎类

土豆、红薯含有丰富的维生素、淀粉及纤维素，有较高的热量且价格低廉。这类食物集谷类和蔬菜的优点于一身，很适合宝宝食用。宝宝满5个月以后就可以酌情添加了，熬在粥里或者蒸熟直接食用均可。

肉类

宝宝长到8个月时，消化系统已渐趋成熟，消化液增多，胃的容量逐渐增大，大多长出2~4颗乳牙，这时可以增加肉类食品，常见的有肝泥、肉末等。

鸡肉。宝宝适应进食猪肝以后，就可以食用鸡肉了，一般来说宜选用鸡胸肉，鸡肉的蛋白质完全可以被宝宝吸收。

牛肉。牛肉含丰富的铁和锌以及蛋白质，对宝宝脑部神经和智力发展极有益。宝宝习惯鸡肉以后可以逐渐添加牛肉，要选择脂肪少的牛肉。

鱼肉。鱼类含丰富的锌，能够促进身体发育，协助细胞修复，帮助人体产生多种新陈代谢的酶，增强免疫力，强壮身体。由于脂肪少，从宝宝初期就可开始喂食，注意将皮及鱼刺仔细清除干净。

宝宝营养食谱

核桃汁

材料 核桃仁100克

做法

1.将核桃仁放入温水中浸泡5~6分钟后，去皮。

2.用多功能食品加工机磨成浆汁，用干净的纱布过滤，使核桃汁流入小盆内。

3.把核桃汁倒入锅中，加适量清水（或者牛奶），烧沸即可。

苋菜汁

材料 苋菜80克

做法

1.苋菜洗净，切成细碎状。

2.将苋菜放入沸水中，约3分钟熄火。

3.待水稍凉后，将菜汁滤出食用。

> **贴心·提示** 此汁可以补充母乳、牛奶内维生素C之不足。

鸡肉南瓜泥

材料 南瓜末100克，鸡肉末50克，海米、虾皮各适量

做法

南瓜末加少许开水煮软，再加鸡肉末稍煮，最后加入海米或虾皮、汤煮至黏稠即可。

香蕉甜橙汁

材料 香蕉50克，甜橙100克

做法

1.甜橙去皮，切成小块儿。
2.将甜橙块放入榨汁机中，加适量清水榨成汁，再将甜橙汁倒入小碗里。
3.香蕉去皮，用铁汤匙刮泥置入甜橙汁中即可。

贴心·提示 此汁口味酸甜，可促进排便。

红薯苹果泥

材料 红薯、苹果各50克

做法

1.将红薯洗净、去皮、切碎后煮熟。
2.将苹果洗净、去皮、去核、切碎煮软，也可剁成泥，混在一起调匀即可。

贴心·提示 此泥可防治宝宝消化不良，还可润肠通便。但不宜吃过多，否则容易引起腹胀。

胡萝卜苹果泥

材料 胡萝卜75克，苹果50克

做法

胡萝卜洗净去皮、剁为泥；将苹果洗净、去皮、去核、切碎；将胡萝卜放入沸水中煮约1分钟，碾细后改文火煮；将碎苹果倒入胡萝卜泥中，共煮至烂熟即可。

蛋黄土豆泥

材料 熟蛋黄25克，土豆150克，牛奶100毫升

做法

熟蛋黄压成泥，土豆煮熟压成泥，加入蛋黄和牛奶，混合，放火上稍微加热即可。

蔬菜豆腐泥

材料 嫩豆腐100克，荷兰豆5克，胡萝卜10克，鸡蛋25克

做法

1.将胡萝卜去皮，与荷兰豆一起焯烫后，切成极小的块。

2.锅置火上，倒入一小杯水，嫩豆腐边捣碎边加进去，煮到汤汁变少，成泥状。

3.最后将鸡蛋打散加入煮熟即可。

> **贴心·提示** 豆腐中含有植物雌激素，可保护血管内皮细胞，具有抗氧化的功效，经常食用可有效减少血管系统被氧化。

鲜红薯泥

材料 红薯50克

做法

1.将红薯洗净，去皮，煮熟。

2.将蒸熟的红薯切成小块，加点温开水，摁成泥捣烂即可。

胡萝卜苹果糊

 胡萝卜、苹果各20克

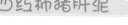 做法

1.胡萝卜洗净切成小块，炖烂后捣碎。

2.苹果洗净，去皮、切碎。

3.将胡萝卜、苹果加适量水，用小火煮成糊状即可。

牛奶黑芝麻糊

 黑芝麻、大米各20克，牛奶适量，白糖少许

做法

1.将黑芝麻磨成粉末；大米洗净放入水中浸泡1小时，放入锅内加2杯水焖煮。

2.在米煮烂时，加入牛奶、黑芝麻粉搅匀，继续煮15分钟，加少量白糖调味即可。

西红柿猪肝泥

 西红柿100克，鲜猪肝50克，白糖适量

做法

1.将鲜猪肝洗净，横剖开，去掉筋膜和脂肪，放在菜板上，用刀轻轻剁成泥状；西红柿洗净、去皮，捣成泥。

2.把猪肝末和西红柿泥拌好，放入蒸锅，上笼蒸5分钟，熟后再捣成泥，加入白糖拌匀即可。

 鱼肉香糊

材料 海鱼肉50克，盐、淀粉、鱼汤各适量

做法

1.先将海鱼肉切条，煮熟，除去骨、刺和鱼皮，研碎。

2.再把鱼汤煮开，下入鱼肉泥，然后用淀粉勾芡，用盐调味。

 豌豆糊

材料 豌豆30克，肉汤50毫升

做法

1.将豌豆炖烂，并捣碎。

2.将捣碎的豌豆过滤一遍，与肉汤和在一起搅匀即可。

 萝卜紫菜汤

材料 白萝卜25克，虾米5克，紫菜少许，植物油、葱花、姜末、盐各适量

做法

1.白萝卜洗净去皮，切成细条；虾米用水泡发。

2.锅放植物油烧至七成热，放入葱花、姜末爆香，下虾米翻炒片刻，加适量清水煮沸，倒入萝卜条，再煮10分钟，放入紫菜，略煮加盐调味即可。

鲜玉米糊

材料 新鲜玉米80克

做法

1.用刀将洗干净的新鲜玉米的粒削下来，放到搅拌机里打成浆。

2.用干净的纱布进行过滤，去掉渣。

3.将过滤的玉米汁放到锅里，煮成糊糊即可。

胡萝卜瘦肉汤

材料 胡萝卜100克，瘦猪肉150克，姜片、盐各少许

做法

1.将瘦猪肉洗净，切块，放入开水锅中氽烫，捞出；胡萝卜洗净，去皮，切成小块。

2.锅置火上，加入适量清水，放入瘦肉块，加入姜片，大火煮开，然后改中火煮30分钟。

3.最后加入胡萝卜继续煮至熟烂，加盐调味即可。

豆腐糊

材料 豆腐20克，肉汤适量

做法

1.把豆腐放入开水中焯一下捞出，锅置火上，放入肉汤、豆腐，边煮边用匙子把豆腐研碎。

2.煮好后把豆腐盛入干净的笼布内，慢慢地从笼布中挤入碗中，然后再把锅里剩余的肉汤倒入，搅拌均匀即可。

莼菜蛋花汤

材料 鸡蛋50克，莼菜100克，盐适量

做法

1.将莼菜洗净，放入沸水中氽至绿色捞出，放入碗中，备用。
2.将鸡蛋打入碗中，用筷子抽打均匀，备用。
3.将锅置火上，加适量水烧开，调入盐。
4.用勺搅动汤汁，淋入蛋花，待凝固时即成。

黏香金银粥

材料 大米100克，小米80克，肉松、蛋黄各适量

做法

大米、小米分别淘洗干净，先将大米放入煮锅内加水，旺火烧开后加入小米，略煮后，转微火熬至黏稠即可。如在粥内放点肉松、蛋黄泥等，营养更丰富。

核桃红枣羹

材料 核桃仁20克，红枣30克，营养米粉40克，白糖适量

做法

1.将核桃仁、红枣用清水洗净，放入锅中蒸熟。
2.将蒸熟的红枣去皮、去核，与蒸熟的核桃一起碾成糊状，可保留细小颗粒。
3.将营养米粉用温水调成糊，加入核桃红枣泥、白糖一起搅拌均匀即可。

酸奶香米粥

材料 泰国香米25克,酸奶50毫升

做法

用泰国香米煮成极烂的粥,放凉后加入酸奶搅匀即可。

青菜肉末粥

材料 大米50克,绿叶蔬菜、瘦猪肉各20克,高汤800毫升,盐少许

做法

1.将大米淘洗干净,用清水浸泡1~2小时;绿叶蔬菜洗净,放入开水锅内煮软,切碎;瘦猪肉洗净,剁成细泥。

2.锅内加高汤,加入泡好的大米,先用大火烧开,再转小火熬煮半小时。

3.放入准备好的蔬菜末和肉末,再煮5分钟左右,边煮边搅拌,最后加盐调味即可。

贴心·提示 此粥含有丰富的营养,能为宝宝提供大量的碳水化合物,满足宝宝生长发育和活动的需要,还能帮助宝宝补充维生素和铁质。

鸡肉菜末粥

材料 大米粥80克,鸡肉末5克,碎青菜15克,鸡汤15毫升,植物油少许

做法

1.锅置火上,放植物油烧热,放入鸡肉末煸炒至五成熟。

2.然后放入碎青菜,一起炒熟,盛出。

3.将炒熟后的鸡肉末和碎青菜放入大米粥内,加入鸡汤熬成粥即可。

煮挂面

材料 挂面40克，肝、虾肉、菠菜各10克，鸡蛋50克，鸡汤少许

做法

1.将肝、虾肉、菠菜分别切成碎片。

2.将挂面煮软后切成短段，放入锅内，加入鸡汤一起煮，再将肝、虾肉、菠菜放入锅内，把鸡蛋磕开搅打均匀，将1/4蛋液倒入锅内，煮熟即成。

青菜面

材料 龙须面30克，高汤（鸡汤、骨头汤、蔬菜汤）300毫升，青菜叶20克，盐适量

做法

1.龙须面掰碎（越碎越好）；青菜叶洗干净、切碎。

2.锅内放入高汤煮开，下入碎面条。

3.中火将面条煮烂，加入青菜末。

4.再次沸腾即可关火，盖锅盖焖5分钟。

5.加入盐调味。

软煎豆腐饼

材料 豆腐40克，净鱼肉30克，鸡汤50毫升，葱末、盐各少许，植物油适量

做法

1.净鱼肉洗净剁成茸，用盐、葱末调味。

2.豆腐抓碎，压成小圆饼，以鱼茸为馅，包2~3个豆腐饼。

3.煎锅加少量植物油，把豆腐饼两面煎黄。

4.倒掉多余的油，加入少量鸡汤，稍煨一煨，收汁即成。

细嚼型辅食——9～10个月，培养一副好胃口

9～10个月的宝宝已经可以站立，并且可以扶着东西走几步路了，活动量的增加也要求营养的全面跟进。而此时，宝宝已经有了相当的咀嚼能力。如果看到宝宝吃东西时单侧脸颊鼓起，嘴巴闭着往一边歪扭，就表示他正在努力咀嚼，可以适当给宝宝添加一些颗粒状的食物，让宝宝充分锻炼咀嚼能力，但是食物不能太硬，以免无法消化吸收。

随着宝宝活动范围的扩大，在营养跟进的同时，一定要注意饮食卫生。

学习咀嚼要循序渐进

9个月的宝宝嘴巴已能充分蠕动、咀嚼，一次能吃下宝宝餐具一小碗的食物，可视情况来调整食物硬度，循序渐进地增加辅食的种类、量以及次数，让宝宝体验咀嚼的乐趣。从一天2次进展到一天3次时，宝宝一次的食量或许会减少，但只要一天的总量达到宝宝目前应摄取的量时，就不必担心。

宝宝的食物大小、软硬要适度

许多宝宝9个多月大时已经长出几颗小牙了，这时候妈妈为了训练宝宝的咀嚼能力，可给他吃一些比前一阶段稍微硬一些的食物，这是正确的，但绝对不能超出他的咀嚼能力。适合宝宝的食物硬度大约是妈妈用手指稍微用力就能压碎的程度。食物若切得太大，宝宝也无法用牙床压碎，以切成5～7毫米正方的小丁比较适合。

逐渐和大人吃饭的时间趋于一致

等宝宝习惯一天三餐吃辅食后，可渐渐让宝宝和大人在同样的时间里用餐，这对宝宝来说也是很新鲜的。但是这个过程也应该是循序渐进的，不能突然改变宝宝的生活节奏。晚上的辅食8点以后一定不要添加。

让宝宝快乐地进餐

对于9～10个月的宝宝，凡是牙龈咬得动的东西大致上都能咀嚼。所以，妈妈可以给宝宝一些稍微硬一点儿的食物，满足宝宝磨牙的需要。如果宝宝想自己吃或用手抓着吃，妈妈也不要阻止，但要不时提醒宝宝："乖乖，用小牙齿嚼一嚼！"如果宝宝还是随意地乱拿汤匙，也没有关系，等宝宝掌握了吃饭的技巧再告诉他什么是正确的。

给宝宝一把勺子

快到1岁时，宝宝往往会在喂饭时去抢妈妈手里的勺子，这表明宝宝有了想要自己用勺子吃饭的愿望，而不是调皮。因此，妈妈不要和宝宝夺来夺去的，在喂饭时最好给宝宝准备一把勺子，并允许宝宝把勺子插入碗中，这样会使宝宝对自己动手吃饭产生兴趣。

妈妈要充分把握住宝宝握勺的愿望，给予练习的机会。宝宝可能会分不清勺子的正面和反面，盛不上东西。这时，妈妈可帮助宝宝纠正过来，并在宝宝的勺子里放上小块食物。由于这一阶段是宝宝开始学习吃饭的时候，妈妈要多加辅助，这样才能既给学习机会，又让宝宝吃到足够的食物。

宝宝的辅食要力求营养全面、均衡

对于这个阶段的宝宝，主要的营养来源已经由奶逐渐过渡为辅食，所以妈妈必须注意给宝宝吃的辅食营养是否全面、均衡。建议妈妈在给宝宝准备食物时，主食最好选择米饭、面条等碳水化合物，主菜选择鱼、肉、豆腐等富含蛋白质的食物，副菜选择蔬菜和水果等富含维生素的食物。另外，再给宝宝吃一些营养小点心。用这样的原则来拟定宝宝的菜单，可以基本保证宝宝每天都能均衡摄取所有营养。

可是宝宝营养全由辅食中摄取还是不现实的，所以可考虑一天三餐吃辅食、喂两次奶。

断奶方法的选择

断奶，对于宝宝和妈妈，无论从生理上还是心理上来说都是一种折磨。但是，从宝宝发育与营养方面考虑，断奶是目前必须面对的现实。宝宝的健康成长需要各种营养物质的补充，因此，逐步添加辅食直至顺利过渡到正常饮食是一个必然的过程。

断奶不宜操之过急

一般宝宝在8～10个月可以断奶，但断奶需慢慢来，在断奶时机的把握上，年轻的妈妈们常常操之过急，仓猝断奶，反而造成宝宝食欲的锐减。

婴儿的味觉很敏锐，而且对饮食是非常挑剔的，尤其是习惯于母乳喂养的宝宝，常常拒绝其他奶类的诱惑。因此，宝宝的断奶，应尽可能顺其自然、逐步减少，即便是到了断奶的年龄，也应为他创造一个慢慢适应的过程。

不能断奶的真正原因

从孩子的立场出发观察，就会发现吃奶并不只是摄取营养的方式而已。在妈妈怀里吃奶，是孩子切身感受母爱的最幸福、最温馨的时刻，是孩子情绪上最稳定的瞬间。突然被剥夺这个权利，对孩子来说是非常残忍的事。

吮吸奶瓶或奶嘴，孩子通过这样的方式可以获得安全感。所以，在医院等陌生场合，孩子会更用力地嘬奶嘴、奶瓶或手指。而气质敏感、不安感强烈的孩子会因为突然失去这些物品而变得情绪失控。

断奶五步曲

第一步：逐渐断奶。从每天喂母乳6次，减少到每天5次，等妈妈和宝宝都适应后，再逐渐减少，直到完全断掉母乳。

第二步：少吃母乳，多吃牛奶。开始断奶时，可以每天给宝宝喝一些配方奶。需要注意的是，在尽量鼓励宝宝多喝配方奶的同时，只要想吃母乳，妈妈就不该拒绝。

第三步：断掉睡前奶和夜奶。宝宝睡觉时，可以改由爸爸或家人哄睡，妈妈避开一会儿。宝宝见不到妈妈，刚开始要哭闹一番，但是没有了想头，稍微哄一哄也就睡着了。宝宝一次比一次闹的程度轻，

直到有一天，宝宝睡觉前没怎么闹就乖乖躺下睡了，这说明断奶初战告捷。

第四步：爸爸的辅助作用。断奶前，要有意识地减少妈妈与宝宝相处的时间，增加爸爸照料宝宝的时间，给宝宝一个心理上的适应过程。让宝宝明白爸爸一样会照顾他，而妈妈也一定会回来的。对爸爸的信任，会使宝宝减少对妈妈的依赖。

第五步：培养宝宝良好的行为习惯。断奶前后，妈妈因为心理上的内疚，容易对宝宝纵容，妈妈多给宝宝一些爱抚是必要的，但是对于宝宝的无理要求，却不要轻易迁就，不能因为断奶而养成了宝宝的坏习惯。

断奶前期储备

吃辅食是否正常。有的宝宝快1岁了也不愿意吃辅食，而只吃母乳或者奶粉，气质敏感、缺乏安全感的孩子对待母乳和奶瓶会比较执着。味觉敏锐的孩子不适应辅食的味道，也会只吃乳制品。

能否抓住碗筷和勺子。如果这方面没有任何准备就直接让孩子断奶，是不符合客观规律的。妈妈从孩子手里夺下勺子喂孩子的做法，只能让孩子变得更加依赖奶瓶和奶制品，不利于培养孩子的自立性。

是否愿意和大人一起吃饭。为了养成正确的饮食习惯，首先应该要求孩子在规定的时间内坐到餐桌旁边，让他对各种食品的食用方法产生兴趣。吃辅食的时候让孩子坐到餐桌旁，或者在大人吃饭的时候，让孩子坐在身边一起吃辅食，通过这样的方式吸引孩子的注意。

宝宝营养食谱

胡萝卜橙汁

材料 脐橙150克，胡萝卜50克，白糖少许

做法

脐橙对切成4瓣，去皮；胡萝卜洗净切段。将橙肉和胡萝卜段放入榨汁机榨汁，加入少量白糖搅匀即可。

葡萄苹果汁

材料 葡萄150克，苹果100克

做法

葡萄洗净、去皮、去核；苹果削皮、切块。分别放入榨汁机榨汁，然后混合即可。葡萄最好选用玫瑰葡萄，带皮榨汁，但是要去核。

骨枣汤

材料 猪长骨50克，红枣15克，盐少许

做法

1.将猪长骨洗净，捣碎；红枣洗净，泡开。

2.将猪长骨、红枣放入砂锅内，加适量清水，大火烧沸后，转小火炖2小时以上，汤稠之后，加少许盐调味即可。

鲜果时蔬汁

材料 黄瓜150克，胡萝卜100克，芒果250克

做法

黄瓜、胡萝卜切段，芒果去皮取果肉。在榨汁机里加少量凉白开水，然后加入黄瓜、胡萝卜和芒果果肉榨汁即可。给小宝宝喝时，可按1:1的比例兑水。

贴心·提示 黄瓜的维生素和纤维素含量都很高，芒果和胡萝卜中除含有丰富的膳食纤维外，还有大量的胡萝卜素，有助于宝宝的新陈代谢、改善视力和提高免疫力。

红薯牛奶泥

材料 红薯50克，牛奶100毫升

做法

1.将红薯洗净，去皮，切小块。

2.将红薯块放入蒸锅中蒸熟，用汤匙压成泥。

3.把牛奶倒入红薯泥中，两者混合搅拌均匀即可。

贴心·提示 红薯含有丰富的淀粉、膳食纤维、胡萝卜素、维生素A、B族维生素、维生素C、维生素E，以及钾、铁、铜、硒、钙等10余种微量元素和亚油酸等，被营养学家们称为营养最均衡的食品。

荠菜淡菜汤

材料 荠菜50克，淡菜20克，清汤、植物油、盐各少许

做法

1.荠菜去杂洗净，沥干水，切段；淡菜洗净，用开水泡发，洗净，切成小块。

2.锅置火上，放植物油烧热，放入荠菜煸炒，加入盐、清汤、淡菜，烧至入味，出锅装碗即可。

山药大米粥

材料 鸡蛋60克，山药50克，大米150克，红枣25克，白糖适量

做法

1.将山药、大米洗净，山药切片；红枣洗净、去核；鸡蛋打破去蛋清留蛋黄置碗内，搅散。

2.然后将水和红枣入锅，待大火将水烧开后再加大米、山药，改小火熬粥至熟，起锅前再将蛋黄和白糖加入并搅匀，煮沸即可。

南瓜红薯玉米粥

材料 红薯20克，南瓜30克，玉米面50克，红糖少许

做法

1.将红薯、南瓜去皮，洗净，剁成碎末，或放到榨汁机里打成糊（需要少加一点儿凉开水）；玉米面用适量的冷水调成稀糊。

2.锅置火上，加适量清水，烧开，放入红薯和南瓜煮5分钟左右，倒入玉米糊，煮至黏稠。

3.加入红糖调味，搅拌均匀即可。

菠菜蛋黄粥

材料 菠菜20克，鸡蛋黄25克，软米饭、高汤各适量

做法

1.将菠菜洗净，开水烫后切成小段，放入锅中，加少量水熬煮成糊状备用。

2.将鸡蛋黄、软米饭、高汤放入锅内先煮烂成粥，将菠菜糊加入拌匀即成。

 黄鱼豆腐羹

材料 黄鱼500克，豆腐50克，鸡蛋清25克，植物油、熟火腿末、葱花、盐、上汤、生粉各适量

做法

1.将黄鱼刮鳞、去鳃，清除内脏，洗干净，上笼蒸熟后取出，拆除鱼骨，将鱼肉斩成小丁，倒在盛有鸡蛋清的碗内，加盐、生粉上浆。
2.将豆腐切成小丁，并用开水烫一下，去除豆腥味。
3.锅内放入植物油，待油温至六成热时，将鱼丁放入炒至呈白色，倒入漏勺，沥干油。
4.在锅中放入鱼丁、豆腐丁，注入上汤，加盐，用旺火煮滚，随后用生粉勾薄芡，撒上火腿末、葱花即可。

 肉末胡萝卜汤

材料 瘦猪肉20克，胡萝卜50克，盐、葱花各少许

做法

1.瘦猪肉洗净、剁成细末，加盐，蒸熟或炒熟。
2.胡萝卜洗净，切成小块，放入锅中煮烂，捞出挤压成糊状，再放回原汤中煮沸。
3.将熟肉末加入胡萝卜汤中拌匀，撒上葱花即可。

 牛奶白米粥

材料 白米80克，白糖10克，牛奶200毫升，黄油适量

做法

把白米洗净放入锅内，加入水，用猛火煮25分钟后，再加入牛奶、白糖、黄油。大约再煮8分钟，煮至烂熟即成。

鳕鱼香菇菜粥

 材料 鳕鱼200克，香菇10克，圆白菜（或小油菜）叶15克，大米粥50克，盐少许

做法

1.将鳕鱼洗净、切碎，加入少许盐拌匀，放入微波炉加热1分钟即熟。

2.将香菇和圆白菜叶分别洗净，放入碗里，加入适量水，在微波炉里煮2分钟，至鲜软，切碎。

3.将鱼泥和菜泥一起放到大米粥里搅拌均匀，微波炉加热2分钟至滚熟即可。

鱼肉蛋花粥

 材料 米饭、鸡蛋各50克，鱼肉10克

做法

1.将米饭与水放入小锅煮成粥。

2.将鱼肉洗净，鱼刺剔除干净。

3.将鱼肉放入锅中，稍煮一下，取鸡蛋黄半个打散淋在粥上，搅拌至熟即可。

鸡肉奶香粥

 材料 大米100克，鸡肉50克，胡萝卜25克，牛奶60毫升，盐适量

做法

1.大米淘洗干净。锅置火上，放入大米和水，旺火烧开。

2.将鸡肉洗净、切成丝或小粒状。胡萝卜洗净、削皮、切成丝或小粒状。

3.将鸡肉、胡萝卜粒倒入烧开的米粥中，改用小火熬煮30分钟左右，熄火后倒入牛奶搅匀，以盐调味即可。

红薯粥

材料 红薯250克，糙米60克，白糖适量

做法

1.将红薯洗净连皮切成小块。

2.锅置火上，放入适量水、糙米、红薯块同煮成稀粥。

3.待粥熟时，加入白糖，再煮沸两次即可。

鸡丝粥

材料 大米50克，鸡丝30克，枸杞5克，盐少许

做法

1.大米洗净，泡水30分钟；枸杞用冷开水泡洗。

2.将大米放入锅中，加水熬煮成粥，然后加入鸡丝，待粥再滚即加入枸杞、盐，煮一下即可熄火。

肝泥银鱼蒸鸡蛋

材料 鸡蛋50克，鸡肝80克，银鱼适量

做法

1.在鸡蛋顶部钻一小孔，待蛋清流出后将蛋黄打入碗里，加50毫升水打散备用。

2.鸡肝处理干净，放入开水锅中焯水，放凉后切薄片、剁成泥状；银鱼焯水，剁碎。

3.将鸡肝泥和银鱼碎末放入盛有蛋黄液的碗中，用筷子搅匀，盖上保鲜膜放入锅中蒸熟即成。

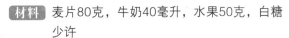 水果麦片粥

材料 麦片80克，牛奶40毫升，水果50克，白糖少许

做法

1.将麦片用清水泡软；水果洗净切碎。

2.将泡好的麦片连水倒入锅内，置火上烧开，煮3分钟后，加入牛奶，再煮6分钟，等麦片酥烂、稀稠适度时，加入切碎的水果、白糖略煮一下即成。

 苹果玉米粥

材料 苹果50克，熟鸡蛋黄20克，玉米面25克

做法

1.将锅置火上加水烧开，玉米面用凉水调匀，倒入开水中并不断搅动。

2.开锅后放入切碎的苹果丁和搅碎的熟鸡蛋黄，改小火煮5～10分钟即成。

 胡萝卜酸奶粥

材料 胡萝卜50克，酸奶100毫升，面粉5克，卷心菜100克，肉汤50毫升，黄油适量

做法

1.将卷心菜和胡萝卜切成细丝炖烂。

2.用黄油将面粉略炒一下，加入肉汤、胡萝卜、卷心菜，并轻搅，炖煮10分钟。

3.将炖好的材料冷却后与酸奶拌匀即可。

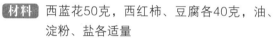

西蓝花炖豆腐

材料 西蓝花50克,西红柿、豆腐各40克,油、淀粉、盐各适量

做法

1.把西蓝花煮软后切碎。

2.西红柿去掉皮和籽切成薄片。

3.油热后,放入捣碎的豆腐、西红柿和西蓝花一起炒。

4.加入盐调味,最后再用淀粉勾芡即成。

银耳枇杷

材料 新鲜枇杷100克,水发银耳50克,白糖适量

做法

1.新鲜枇杷去皮、去籽,切成小片待用;水发银耳洗净,去杂,放入碗内加少量水,上笼蒸至银耳黏滑成熟。

2.锅中放清水烧开,放入银耳烧沸,再放入枇杷片、白糖,再沸后即可。

丛林地带

材料 西蓝花、菜花各50克,蘑菇10克,植物油、盐、水淀粉各少许

做法

1.把西蓝花、菜花掰成1～2厘米直径大小的块,用热水焯熟捞出;蘑菇撕成小条。

2.倒植物油入锅,待油热后先放入蘑菇炒熟,再放入西蓝花、菜花快速翻炒几下,倒入少量水淀粉勾芡,加盐调味,在软硬度适合宝宝的口味时便可盛出。

 猪肝豆腐

材料 猪肝80克，豆腐100克，肉汤、酱油各少许

做法

1. 猪肝放入沸水锅中略焯除去血污，切碎；豆腐放入开水中紧一下，切碎。

2. 将切碎的猪肝、豆腐放入锅内加肉汤一起煮，熟后加少许酱油（也可以用淀粉勾芡）即可。

 鸡肉蒸豆腐

材料 豆腐50克，鸡胸肉25克，鸡蛋60克，水淀粉、盐各少许

做法

1. 将豆腐洗净，放入开水锅中煮1分钟左右，捞出来沥干水分，压成泥，摊入小盘内。

2. 将鸡蛋洗净，打到碗里，用筷子搅散。

3. 将鸡胸肉洗净，剁成泥，放到碗里，加入鸡蛋、盐及水淀粉，调至均匀有黏性，摊在豆腐上面。放到蒸锅里，用中火蒸12分钟，取出后搅拌均匀即可。

 枇杷茯苓鸭煲

材料 老鸭1 500克，枇杷、茯苓各6克，去核红枣10克，盐少许，姜片、葱段各适量

做法

1. 将老鸭宰杀，去毛及内脏，洗净沥水待用。

2. 把枇杷、茯苓洗净一起放入老鸭的腹中，将老鸭放入煲中。

3. 将煲里加适量水，并放入去核红枣、姜片、葱段，先用大火煮熟，再用小火慢慢炖，待鸭子酥烂时，加盐关火即可。

面包布丁

材料 面包15克，鸡蛋30克，牛奶100毫升，植物油少许

做法

1.将鸡蛋磕入碗中，搅成蛋液；面包切成小块与牛奶、鸡蛋混合均匀。

2.在碗内涂上植物油，再把上述混合物倒入碗里，放入蒸锅内，用中火蒸7~8分钟即可。

贴心·提示 这道小点心软嫩滑爽，含有丰富的蛋白质、脂肪、碳水化合物及维生素A、B族维生素、维生素E，以及钙、磷、锌等多种营养素，很适合宝宝食用。制作中，要用中火蒸，火不宜过大，否则容易蒸老，影响口感。

红嘴绿鹦哥面

材料 西红柿25克，菠菜叶5克，豆腐50克，排骨汤150毫升，细面条20克

做法

1.将西红柿用开水烫一下，去皮，切成碎块；菠菜叶洗净，切碎；豆腐切碎。将排骨汤倒入锅中，烧沸。

2.将西红柿和菠菜叶、豆腐倒入锅内，略开一会儿，再加入细面条，待面条煮至软烂即可。

贴心·提示 面条软软的，汤酸酸的，又有肉味，表面漂着绿绿、红红、白白的食物，很容易引起宝宝的食欲。

咀嚼型辅食——11~12个月，辅食品种更加丰富

11~12个月的宝宝，舌头、嘴唇或下颌已能自由活动。随着牙齿的生长，大多数宝宝已能用前牙咬断食物，或用臼齿咬碎食物，咀嚼能力也渐渐变得和大人一样。

满周岁后，宝宝绝大部分的营养元素都来自乳汁和配方奶以外的食物，因此宝宝的食物要求更富于变化。另外，婴儿期的最后2个月是宝宝身体生长较迅速的时期，需要补充更多的碳水化合物、脂肪和蛋白质以及各种营养元素。但此时的宝宝已经慢慢对味觉产生了选择性的习惯，建议不妨让食物更多样化，广泛地选择各类食物并增加食物在形状、颜色上的巧妙搭配。

宝宝饮食安排

面食、米饭是主食

宝宝的主食基本就是面食和米饭了，有的宝宝喜欢吃粥，不爱吃饭，这没有多大的差别。能一顿吃上一碗粥的宝宝，吃米饭大概能吃上1/2~2/3碗。

给宝宝吃鱼、肉、蛋

宝宝要长大，其生长发育的原料——蛋白质功不可没，这就需要宝宝多吃动物性的食物来补充，因此，鱼、肉、蛋等是无论如何都不可缺少的。

吃新鲜的水果

快满周岁的宝宝已经具备咀嚼水果的能力了，妈妈可以将水果切成薄片，让他自己抓着吃。水果罐头不适合给宝宝吃，并且维生素的含量也远不如新鲜水果，因此，即使宝宝再喜欢，也不能多吃。

给宝宝吃蔬菜

蔬菜对宝宝是非常重要的，1岁的宝宝完全可以吃一些碎碎的蔬菜，如油菜、菠菜、西红柿、胡萝卜、土豆等，可以煮熟后切成小碎块喂宝宝。一些

纤维素较多的蔬菜，如芹菜、洋葱、韭菜也可以尝试给宝宝吃。对于什么蔬菜都不愿意吃的宝宝，妈妈当时不要勉强，可过一段时间再给宝宝尝试。不吃蔬菜造成的暂时营养损失，可以通过吃水果、肉、牛奶、蛋来弥补。给宝宝吃蔬菜时，注意不要长时间焖煮绿叶蔬菜，这样会使绿叶蔬菜中的硝酸盐变成亚硝酸盐，容易发生食物中毒。

饮食喂养注意事项

蛋类摄入要适量

蛋类食品中含有丰富的蛋白质、钙、磷、铁和多种维生素，对宝宝成长大有益处，但蛋类食物摄入并非越多越好，吃得太多，反而容易造成消化不良。另外，由于蛋清是一种极易引起过敏的食物，营养专家认为，有过敏倾向的宝宝，1～1.5岁最好只吃蛋黄，且每天不宜超过1个，1.5～2岁时，可隔日吃1个鸡蛋（包括蛋黄和蛋白），年龄稍大后，最多每天吃2个鸡蛋。假如宝宝的粪便中发现了如蛋白状的物质，就说明宝宝的肠胃不能很好地吸收蛋白质，对于这些宝宝，最好将蛋加入其他食物中一起喂食。

果汁不能代替水果

新鲜水果含有丰富的营养成分，非常适合作为辅食给宝宝添加，而且吃水果还能锻炼咀嚼肌和牙齿的功能，并能刺激唾液分泌，增进食欲；

而果汁是经过加工制成的，会损失一些营养素，所以宝宝一旦可以咀嚼，就应该多给他吃新鲜的水果。

葡萄糖不能代替白糖

许多妈妈都喜欢往宝宝的水里加一些葡萄糖，以增加营养。其实，只要宝宝食欲正常，就不会缺乏葡萄糖。因为各种食物中的淀粉和糖分均可在体内转化为葡萄糖，如果常用葡萄糖代替其他糖类，肠道中的双糖酶就会失去作用，使胃肠懒惰起来，时间一长就会造成消化酶分泌功能低下，消化功能减退。

大人嚼过的食物不能喂宝宝

许多人认为宝宝胃肠功能尚不成熟，大人咀嚼过的食物更易于消化吸收。其实，这是一种不科学、不卫生的喂养方式。人体的口腔本身就是一个多菌的环境，给宝宝喂咀嚼过的食物，易将成年人口腔中的细菌传给婴幼儿，从而引起感染。并且大人咀嚼过的食物多半营养已被吸收，宝宝吃到的只是食物残渣，对于宝宝的身体发育是不利的。

点心添加要适度

点心只是为了补充早、中、晚三次辅食所不足的营养，一定要先让宝宝好好地吃三餐，在正餐不能完全满足的情况下再加适量的点心。若宝宝仍然想吃点心，不妨做一些蒸薯类或蔬菜棒等具有营养的点心。

宝宝营养食谱

 ## 红豆泥

材料 红豆30克，植物油少许

 做法

1.将红豆拣去杂质，用清水洗净。

2.把红豆放到加了冷水的锅里，先用旺火烧开，再盖上盖子，改用小火焖至熟烂。

3.将炒锅置火上，加入植物油，倒入焖好的豆泥，改用小火翻炒均匀即可。

 ## 水果酸奶

材料 小西红柿、苹果、杨桃、蓝莓等水果各适量，无糖酸奶100毫升

 做法

1.将所有水果洗净，去蒂，去籽，切成小块。

2.将所有水果与酸奶充分混合即可。或将水果块、酸奶、矿泉水一起倒入榨汁机，充分搅拌后给宝宝食用。

土豆果汁

材料 土豆80克，苹果100克

 做法

1.将土豆洗净，去皮，切成小块，用清水浸泡数分钟。

2.苹果洗净，去皮，切成小块，放入榨汁机中，加适量温开水，榨成汁。

3.将苹果汁与土豆一起放入锅中，用中小火煮软，熟后关火即可。

三色豆腐虾泥

材料 胡萝卜100克，虾30克，油菜60克，豆腐50克，盐少许，植物油适量

做法

1.胡萝卜洗净，去皮、切碎；虾去头、皮、泥肠，剁成泥；油菜洗净，用热水焯过，切成碎末；豆腐冲洗过后压成豆腐泥。

2.在锅内倒植物油，烧热后下入胡萝卜末煸炒，半熟时，放入虾泥和豆腐泥，继续煸炒至八成熟时再加入碎菜，待菜熟，加少量盐即可。

豆腐鲫鱼汤

材料 鲫鱼500克，豆腐300克，火腿、葱末、姜末、醋、盐、植物油各少许

做法

1.将鲫鱼洗净，鱼身抹少许盐，可防止粘锅。

2.锅中放入植物油烧至七成热，放入鱼稍煎一下，再放入火腿、姜末、醋、盐，加清水煮沸后加入豆腐，再煮10～15分钟，待汤色乳白时，撒上葱末即可。

鲜虾花蛤蒸蛋羹

材料 鲜虾50克，花蛤75克，鸡蛋120克，盐适量

做法

1.鲜虾去虾线，切碎。

2.花蛤用开水焯一下，捞出去壳，切碎。

3.鸡蛋打入碗中，加少量盐、切碎的虾和花蛤，然后再加100毫升凉白开水，大火急蒸8分钟，蒸至凝固后即可。

冬瓜蛋花汤

 冬瓜50克，鸡蛋30克，鸡汤150毫升，盐少许，植物油适量

做法

1.将冬瓜去皮，切成菱形小片；鸡蛋磕入碗中，搅成蛋液。

2.锅置火上，放植物油烧热，放入冬瓜煸炒几下，加入鸡汤烧开，淋入鸡蛋液，加入少许盐调味即可。

香菇鸡肉球汤

 鸡腿肉、胡萝卜各30克，香菇10克，鸡汤100毫升，盐少许

做法

1.鸡腿肉、胡萝卜、香菇剁碎，加盐，搅拌均匀至黏稠状，捏成小球。

2.鸡汤煮滚，放入鸡肉球煮熟。

紫菜猪肉汤

 紫菜25克，瘦猪肉150克，葱花、姜末、肉汤、盐、植物油各适量

做法

1.将紫菜用清水泡发后去杂；将瘦猪肉洗净，下沸水焯烫，捞出洗去血水切丝。

2.锅置火上，放植物油烧热，放入肉丝煸炒，炒至水干，注入肉汤，加入葱花、姜末、盐，煮至肉熟。

3.加入紫菜烧沸即可。

枸杞粳米粥

材料 粳米100克，枸杞子、白糖各少许

做法

1.将粳米淘洗干净，用冷水浸泡30分钟，捞出，沥干水分。

2.将枸杞子放进温水里，泡至回软。

3.枸杞、粳米加适量水，先用旺火煮沸，然后再转用小火熬煮，待粳米熟软时，加入白糖调味即成。

香甜翡翠汤

材料 香菇、西蓝花各10克，鸡肉、豆腐各20克，鸡蛋50克，高汤100毫升，盐少许

做法

1.香菇洗净切细丝，鸡肉切粒，豆腐冲洗后，用勺背压成豆腐泥，西蓝花洗净，用热水烫熟后切碎。

2.鸡蛋打散搅拌均匀，高汤加水煮开后，下入香菇丝和鸡肉粒，再次煮开后，下入豆腐泥、西蓝花和蛋液，焖煮3分钟左右，加少许盐调味即可。

花生核桃粥

材料 大米、花生、核桃仁各50克，白糖少许

做法

1.将大米淘洗干净；花生洗净，切小粒；核桃仁切碎。

2.将大米和花生一起放入锅中，加适量清水，煮粥。

3.粥煮至八成熟时，放入切碎的核桃仁，用小火煮至软烂，加入少许白糖调味即可。

西红柿银耳小米粥

材料 西红柿、小米各100克，银耳10克，冰糖少许，水淀粉适量

做法

1.将小米放入冷水中浸泡1小时，待用。

2.西红柿洗净切成小片；银耳用温水泡发，除去黄色部分后切成小片，待用。

3.将银耳放入锅中加水烧开后，转小火炖烂，加入西红柿、小米一并煮，待小米煮稠后加入冰糖，下水淀粉勾芡即成。

雪菜肉丝面

材料 拉面100克，雪里红20克，瘦猪肉30克，红辣椒、豆芽、芹菜梗各5克，干淀粉、盐、鲜汤、植物油各适量

做法

1.瘦猪肉切成丝，拌入盐、干淀粉腌渍5分钟。

2.雪里红洗干净，切成小段；红辣椒切成丝；芹菜梗切成段；豆芽掐去两头，备用。

3.汤锅上火，加入清水，烧沸后下入拉面，煮6分钟至熟，捞出装碗。

4.炒锅上火放植物油烧热，下入肉丝，待肉丝炒散后，再下入雪里红略炒，加入鲜汤、红椒丝、芹菜、豆芽，汤沸后倒入面碗中即可。

白玉金银汤

材料 清汤80毫升，豆腐、小鸡丁块各20克，香菇丝、花椰菜各10克，蛋汁15克，盐、水淀粉各适量

做法

1.清汤煮开后，倒入小鸡丁块、香菇丝煮至熟。

2.豆腐切丁，倒入1中，用盐调味，水淀粉勾芡煮成稠状。

3.花椰菜煮熟倒入2内，淋上蛋汁，熄火，盖上锅盖焖到蛋熟。

牛肉蔬菜燕麦粥

 材料 牛肉（瘦）、大米各50克，西红柿20克，快煮燕麦片、油菜各30克，盐少许

做法

1.将大米淘洗干净，用冷水泡2个小时左右；快煮燕麦片与半杯冷水混合，泡3个小时左右。

2.将牛肉洗干净，用刀剁成极细的蓉，或用料理机绞成肉泥，加入盐腌15分钟左右。

3.将油菜洗干净，放入开水锅中焯烫一下，捞出来沥干水，切成碎末备用；西红柿洗干净，用开水烫一下，去掉皮和籽，切成碎末备用。

4.锅内加水，加入泡好的大米、燕麦片和牛肉，先煮30分钟，加入油菜和西红柿，边煮边搅拌，再煮5分钟左右即可。

贴心·提示 煮好的粥如果一次吃不完，可以放入冰箱保存，每次取出要吃的分量，用微波炉加热到45～50℃即可。

西红柿土豆鸡肉粥

材料 香米50克，鸡胸肉30克，西红柿40克，土豆25克，植物油、盐各少许

做法

1.香米洗净后用冷水泡2小时；鸡胸肉剁成末。

2.土豆洗净煮熟后去皮切成小丁；西红柿洗净后用开水烫一下，去皮、去蒂切成小丁。

3.炒锅加热后放入植物油，将鸡肉末倒入锅中煸熟后推向一侧，放入西红柿丁煸炒至熟后，将两者混在一起。

4.将香米放入锅中加水，用旺火烧开后改用小火熬成粥，然后加入煸好的鸡肉末、西红柿丁、土豆丁继续用小火熬5～10分钟，加入少许盐继续煨至粥香外溢即可。

豆腐鹌鹑蛋

材料 豆腐50克，鹌鹑蛋20克，冰糖5克，盐、水淀粉、猪肉汤各适量

做法

1.将豆腐洗净，切成6厘米见方的块放在盘内，在豆腐中央挖一个圆槽，将鹌鹑蛋打入槽内，上锅蒸七八分钟后备用。

2.锅中放入猪肉汤，加入冰糖、盐，煮沸后用水淀粉勾芡，浇在豆腐上即可。

菠菜粥

材料 菠菜100克，粳米30克

做法

1.将菠菜洗净，在沸水中烫一下，切段；粳米淘洗干净，放入锅中，加适量水。

2.锅置火上，熬至粳米熟，然后加入菠菜，继续熬，直至成粥时停火。

三宝蒸蛋

材料 鸡蛋100克，香菇、牡蛎、虾仁各25克，高汤300毫升，盐少许

做法

1.牡蛎、虾仁分别处理干净，切碎；香菇洗净，切碎。

2.鸡蛋磕入碗中，搅成蛋液，加入高汤、盐拌匀，放入蒸锅蒸15分钟，锅盖不要完全盖严，留一个缝隙。

3.将香菇、牡蛎、虾仁放在蒸蛋上，再蒸3分钟即可。

虾末菜花

材料　菜花40克，虾10克，盐少许

做法

1.将菜花洗净，放入开水中煮软后切碎。

2.把虾放入开水中煮后剥皮、去沙线，切碎，加入盐煮，使其具有淡咸味，倒在菜花上即可食用。

鱼松

材料　鲜鱼600克，花生油40毫升，盐、白糖各适量

做法

1.将鲜鱼去鳞、内脏，洗净，放在锅内蒸熟，去骨、刺、皮待用。

2.将锅放在小火上，加入花生油，把鱼肉放入锅内边烘边炒，至鱼肉香酥时，加盐、白糖，再翻炒几下，即成鱼松。

炒肉末

材料　瘦猪肉50克，植物油、水淀粉各适量，盐少许

做法

1.将瘦猪肉洗净，剁成细泥。

2.加入少许盐调味，加入水淀粉，用手抓匀，放置1~2分钟。

3.锅置火上，放植物油烧至八成热时，放入肉末煸炒片刻，加入少许清水，用小火焖5分钟后熄火，即可。

猪肝丸子

材料 猪肝、西红柿各20克，面包粉、鸡蛋汁各15克，葱头10克，色拉油15毫升，西红柿酱少许，淀粉9克

做法

1.将猪肝剁成泥，葱头切碎同放一碗内，加入面包粉，鸡蛋汁、淀粉拌匀成馅。

2.将炒锅置于火上，放色拉油烧热，把猪肝泥馅挤成丸子，下入锅内煎熟。

3.将切碎的西红柿和西红柿酱下入锅内炒至呈半糊状，倒在丸子上即可。

虾仁炒豆腐

材料 豆腐100克，虾仁50克，葱花、姜末各适量，植物油、盐、鸡精各少许

做法

1.将虾仁洗净备用；豆腐洗净，切成小方丁备用。

2.将盐、葱花、姜末放入碗中，对成芡汁。

3.锅内加入植物油烧热，倒入虾仁，用大火快炒几下，再倒入豆腐，继续翻炒，倒入芡汁、鸡精炒匀即可。

豆豉牛肉末

材料 牛肉50克，碎豆豉5克，植物油、鸡汤各适量

做法

1.牛肉洗净，剁成末。

2.炒锅置火上，放植物油烧热，放入牛肉末煸炒片刻，放入碎豆豉、鸡汤，搅拌均匀即可。

3.在喂宝宝稠粥或烂面时添加即可。

青菜蛋黄豆腐

材料 豆腐50克，青菜叶适量，熟鸡蛋黄25克，淀粉、盐各少许

做法

1.将豆腐放入开水锅中，煮一下，捞出，放入碗里研碎。

2.青菜叶洗净，用开水稍微汆烫，切碎后放入豆腐碗里，加入淀粉、盐搅拌均匀。

3.将豆腐做成方块形，再把熟鸡蛋黄研碎撒一层在豆腐表面。

4.放入蒸锅中用中火蒸10分钟即可。

蔬果虾蓉饭

材料 西红柿、大虾各50克，香菇30克，胡萝卜100克，西芹少许，米饭80克

做法

1.将香菇洗净、去蒂，切成小碎块；胡萝卜切粒；西芹切成末。

2.将西红柿放入开水中烫一下，然后去皮，再切成小块；大虾煮熟后去皮、去沙线，剁成蓉。

3.锅置火上，放入香菇、胡萝卜、西芹末，加少量水煮熟，最后再加入西红柿、虾蓉，一起煮熟，将此汤料淋在米饭上拌匀即可。

鳕鱼红薯粥

材料 红薯30克，鳕鱼肉50克，白米饭40克，蔬菜少许

做法

1.将红薯去皮，切块，浸水后用保鲜膜包起来，放入微波炉中加热约1分钟。

2.蔬菜洗净，切碎；鳕鱼肉用热水汆烫。

3.锅置火上，放入白米饭，加入清水和红薯、鳕鱼肉以及蔬菜，一起煮熟即可。

肉松软米饭

材料 软米饭80克，鸡肉30克，白糖少许，胡萝卜5克

做法

将鸡肉洗净，剁成极细的末，放入锅内，加入白糖，边煮边用筷子搅拌，使其均匀混合，煮好后放在软米饭上面一起焖熟即可。

鱼肉鸡蛋饼

材料 洋葱10克，鱼肉20克，鸡蛋25克，黄油、奶酪各适量

做法

1.将洋葱洗净，切碎；鱼肉煮熟，放入碗内研碎成鱼泥。
2.将鸡蛋磕入碗中，搅成蛋液，取一半加入鱼泥、洋葱末搅拌均匀，成馅。
3.平底锅置火上，放入黄油烧至熔化，将馅团成小圆饼，放入锅内煎炸，煎好后浇上奶酪即可。

香煎土豆饼

材料 土豆80克，西蓝花30克，面粉50克，牛奶20毫升，植物油适量

做法

1.将土豆洗净，去皮，用擦菜板擦碎；西蓝花用开水焯烫。
2.将土豆、西蓝花、面粉、牛奶混合在一起，搅匀。
3.锅置火上，放植物油烧热，倒入拌好的原料，煎成饼即可。

 蒸鱼饼

材料 鱼200克，豆腐100克，豆酱汁、盐各适量

做法

把鱼去皮和骨、刺后，研碎，与豆腐混合均匀做成小饼，放入蒸锅内蒸熟。把鱼汤煮开后加入少许豆酱汁、盐。把蒸过的鱼饼放入鱼汤内即可。

贴心·提示 本品能够保持鱼肉中的营养成分不被破坏。

 玲珑馒头

材料 面粉150克，发酵粉少许，牛奶15毫升

做法

1.将面粉、发酵粉、牛奶混合在一起，揉匀，放入冰箱，15分钟取出。
2.将面团切成3份，揉成小馒头。
3.将小馒头放入上汽的笼屉蒸15分钟即可。

 鸡蛋面片

材料 面粉100克，鸡蛋50克，菜汤适量

做法

1.将面粉放在大碗内，打入鸡蛋，用鸡蛋液将面粉调制成面团，揉好。
2.将揉好的鸡蛋面团擀成薄圆片，再用刀切成小碎片。
3.锅置火上，放入适量清水，烧开，然后放入面片，煮烂后捞入碗中，加入少量菜汤（菜汤要烧热）即可。

菜香煎饼

材料 青江菜30克，胡萝卜、蛋液各10克，低筋面粉20克，植物油10毫升

做法

1.青江菜和胡萝卜洗净后切成细丝。
2.将低筋面粉加入蛋液及少量的水搅拌均匀，再放入青江菜丝及胡萝卜丝搅拌一下。
3.植物油倒入锅中烧热，倒入蔬菜面糊煎至熟即可。

核桃枸杞蒸糕

材料 糯米粉100克，核桃25克，白糖5克

做法

1.将核桃切小片。
2.将糯米粉加适量水拌匀，加白糖调味，置于盆中待用。
3.在蒸锅中加水煮开，将调好味的糯米粉移入，蒸约10分钟。
4.将核桃撒在糕面上，继续蒸10分钟即可。

鸡肉白菜饺

材料 鸡肉末200克，洋白菜、芹菜各100克，鸡蛋、饺子皮、高汤、熬熟的植物油、盐各适量

做法

1.将鸡肉末放入碗内，加入少许盐拌匀。
2.洋白菜和芹菜洗净，分别切成末；鸡蛋炒熟，搅成细末。
3.将鸡肉末、洋白菜末、芹菜末、鸡蛋末、熬熟的植物油拌匀成馅，用饺子皮包成饺子，下锅煮熟。
4.在锅内放入高汤，撒入芹菜末，稍煮片刻后，再放入煮熟的小饺子即成。

第二章 1~3岁 分阶段宝宝喂养食谱

1岁～1岁半——细嚼慢咽，有滋有味

饮食营养同步指导

1岁左右的宝宝，膳食逐渐变为以一日三餐为主，早、晚以牛奶为辅，最终慢慢过渡到完全离乳。如果正好在夏天，为了不影响宝宝食欲，可以略向后推迟1~2个月再离乳，最晚不要超过15个月龄。

以三餐为主后，家长一定要注意保证宝宝辅食的质量。如肉泥、蛋黄、肝泥、豆腐等含有丰富的蛋白质，是宝宝身体发育必需的食物；而米粥、面条等主食是宝宝补充热量的来源；蔬菜可以补充维生素、矿物质和纤维素，促进新陈代谢，促进消化。

要想宝宝长得健壮，家长必须仔细调理好宝宝的三餐膳食，将肉、鱼、蛋、菜等与主食合理调配。这个阶段的宝宝，牙齿还未长齐，咀嚼还不够细腻，所以要尽量把菜做得细软一些，肉类要做成泥或末，以便宝宝消化吸收。1岁的宝宝，还要将鱼肝油增加到3滴，每日两次，钙片每次1克，每日两次。

18个月左右的宝宝随着乳牙的萌出，咀嚼消化的功能较以前成熟了，在喂养上与前两个月比略有变化，每日进餐次数为5次，三餐中间上下午各加一次点心。

还可以继续每天喂1个鸡蛋和250毫升奶。

宝宝的辅食安排尽量做到花色品种多样化，荤素搭配，粗细粮交替，保证每日能摄入足量的蛋白质、脂肪、糖类以及维生素、矿物质等。

培养宝宝良好的膳食习惯能使宝宝保持良好的食欲，避免宝宝挑食、偏食和吃过多的零食。

这个时候宝宝对于食物已经有一些比较明显的倾向了，家长一定要注意及时纠正宝宝不良的饮食习惯，以免偏食。

断了母乳不能断配方奶或牛奶

离乳期间要给宝宝喝奶，那么是不是说如果宝宝完全离乳之后，就可以不用再喝奶了呢？正确的做法是即便断了母乳之后也还要继续给宝宝喝牛奶或配方奶。

因为牛奶中含有优质的蛋白质，含有人体所需的全部必需氨基酸，而且其消化吸收率高达90%。

此外，牛奶中还含有其他各种营养素，尤其是钙的含量较高，每100毫升牛奶约含有120毫克的钙，如果宝宝每日喝上1杯牛奶（大约200毫升）则可以从牛奶中获得240毫克的钙，大约相当于宝宝每日需钙量的一半。

而配方奶粉则是根据宝宝成长的需要来调配的，里面富含丰富的营养，比起牛奶更加适合宝宝食用。所以宝宝断了母乳之后不能断牛奶或配方奶，宝宝每日至少要喝600毫升左右的牛奶。

宝宝奶粉的转换

宝宝1岁以后，需要从婴儿配方奶粉升级到幼儿成长奶粉，以便满足宝宝对营养的需求。

但由于这个时期宝宝的肠道适应能力较弱，不建议突然更换奶粉，以免宝宝出现肠胃不适。正确的换奶粉的步骤是：第1步：每天喂1次新奶粉；第2步，每天喂2次新奶粉；第3步，每天喂3次新奶粉。

值得注意的是：如果宝宝经常有肠胃不好的情况，也可以每隔2天增加一餐新奶粉，即用6天的时间更换奶粉。如果遇到感冒、腹泻、服用药物期间还需要暂缓奶粉的替换。妈妈还需注意，除了奶，还需要注意给宝宝补充水分。

进餐教养

1岁以后的宝宝一般都会挑食，宝宝刚开始对食物的挑拣，其实是包含着一定游戏成分的无意识行为，父母应及时劝说引导，以免养成坏习惯。另外，宝宝不喜欢的食物，应变换烹调方法或隔段时间再次喂食。不要硬逼着宝宝接受食物，以免造成逆反心理。

13～18个月的宝宝成长所需的大部分营养要靠正餐获得。为了使宝宝保持对正餐的兴趣，饭前1小时内不要让宝宝吃零食或喝大量饮料。不要强求保证进食数量，要营造轻松愉快的气氛。

宝宝营养食谱

红薯蜂蜜泥

材料 红薯50克，蜂蜜少许

做法

1.红薯洗净、去皮，切小块，上锅蒸熟，取出捣成泥。

2.加入蜂蜜少许，稍煮即可喂食。

胡萝卜牛肉粥

材料 牛肉15克，胡萝卜30克，白米粥适量，盐少许

做法

1.将牛肉洗净，剁碎，用盐调味；胡萝卜去皮，切丁。

2.将牛肉、胡萝卜放入煮好的白米粥中，煮熟并调味即可。

龙眼莲子粥

材料 龙眼肉、莲子各10克，红枣50克，糯米30克，白糖适量

做法

1.先把莲子去心、用干磨机磨碎，把红枣去核，龙眼肉剁成碎末。

2.再洗净糯米并放入锅内，加清水用微火煮。

3.粥快熟时把龙眼肉、莲子、红枣一起放入，煮沸一会儿加白糖即成。

香菇黑枣粥

材料 大米75克，香菇150克，黑枣50克，盐适量

做法

1.香菇用适量水泡软后，挤掉水分，切块备用；黑枣去核。

2.锅中加水烧开，放入大米煮成粥后，再加入香菇、黑枣同煮，最后加盐调味即可。

西红柿面包鸡蛋汤

材料 西红柿25克，鸡蛋50克，高汤100毫升，面包30克，盐少许

做法

1.用开水烫西红柿，去皮、切小三角形，备用。

2.鸡蛋磕开，打入碗中，加盐调匀备用。

3.在小锅里加入高汤（或水）和备用的西红柿，水开后，将面包撕成小粒加入小锅中，煮3分钟，再将鸡蛋加入锅中，甩出漂亮的鸡蛋花，接着煮2分钟，至面包软烂即可。

贴心·提示 此汤味咸甜，能为宝宝提供丰富的碳水化合物、多种维生素、蛋白质，以及多种微量元素，对宝宝身体发育很有好处。

彩丝蛋汤

材料 鸽蛋100克，火腿20克，胡萝卜、黄瓜各10克，高汤、盐各适量

做法

1.将胡萝卜、黄瓜洗净切丝；火腿切丝；鸽蛋煮熟、去皮。

2.锅中加入高汤，放入火腿、胡萝卜和黄瓜丝烧开，稍煮。

3.再将鸽蛋放入，煮开，加入少许盐即可出锅。

丝瓜香菇汤

材料 丝瓜200克，植物油10毫升，香菇、盐各5克，味精、葱、姜各适量

做法

1. 丝瓜洗净、刨皮、切片，丝瓜泡软后切丝；葱、姜切细末。
2. 植物油放锅内热后将香菇炒一下，加清水煮沸后，加入丝瓜、盐、味精、葱末、姜末煮熟即可。

贴心·提示 丝瓜清热消暑，香菇解毒。

淮山鸭子汤

材料 鸭子1500克，淮山药15克，姜、葱、料酒各适量

做法

1. 鸭子切块，开水烫一下，除去杂质；姜拍碎；葱切段。
2. 将鸭子放入砂锅加适量清水和姜、葱、料酒一起大火煮开，转小火慢炖1.5小时左右。
3. 淮山药切块放入鸭子汤内，再慢炖30分钟即可。

丝瓜豆腐瘦肉汤

材料 猪瘦肉60克，丝瓜250克，北豆腐100克，芡粉、葱花、盐、糖各适量

做法

1. 将丝瓜去皮，洗净，切成厚片。
2. 北豆腐切成块，猪瘦肉洗净切成薄片，加盐、糖、芡粉拌匀。
3. 锅内加适量清水烧开，下北豆腐、肉片煮沸后，放入丝瓜煮熟，加葱花、盐调味即可。

莴笋叶豆腐汤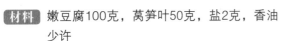

材料 嫩豆腐100克，莴笋叶50克，盐2克，香油
少许

做法

1.莴笋叶洗净，切成小段，入开水锅汆烫，捞出，
放在汤碗中。

2.嫩豆腐切成菱形片，放入开水锅焯一下，捞出，
沥干水。

3.锅中放入清水，煮沸，加豆腐、盐，待汤煮沸，
撇掉浮沫，盛入汤碗中，淋香油即可。

海带牡蛎汤

材料 牡蛎肉100克，海带丝30克，姜片、植物油
各少许，料酒、盐、肉汤各适量

做法

1.将牡蛎肉洗净，用热水浸泡，发胀后去杂洗净，
切成丝或小块，放入碗中；浸泡牡蛎的水澄清后滤
至碗中，一并上笼蒸1小时。

2.锅置火上，放植物油烧热，放入姜片煸出香味，
烹入料酒，加入肉汤、盐，放入牡蛎和海带丝，煮
一会儿即可。

排骨汤焖海带丝

材料 排骨汤200毫升，海带丝30克，盐1克

做法

1.海带丝洗净，切小段。

2.锅内放入排骨汤烧开后，下入海带丝，大火煮开
后，小火焖5分钟，加盐调味即可。

 猕猴桃甜果羹

材料 猕猴桃、香蕉各100克，苹果200克，梨70克，水发银耳、淀粉各适量

做法

1.将猕猴桃洗净，用纱布包好，挤出汁，放入锅中，加入清水煮沸；水发银耳洗净，上笼蒸一会儿，撕成小片。

2.苹果、香蕉、梨去皮、去核，切成丁和银耳一起放入猕猴桃汁中，再次煮沸。

3.用清水调开淀粉，慢慢倒入锅中的果羹中，边煮边搅，煮沸离火，晾凉即可。

 萝卜菠菜黄豆汤

材料 白萝卜250克，菠菜200克，黄豆80克，盐少许

做法

1.菠菜拣去枯叶，洗净；白萝卜洗净，切小丁；黄豆浸泡30分钟涨发。

2.在锅中加入水和涨发的黄豆，大火烧开，再用小火焖酥。

3.放入白萝卜，煮至酥烂后放入切碎的菠菜，烧滚锅开，加入少许盐即可。

 虾仁豆花羹

材料 虾仁20克，豆花100克，鸡蛋60克，香菜末5克，盐1克，高汤250毫升，水淀粉15克

做法

1.鸡蛋打成蛋液；虾仁洗净后，在背部划一刀，裹上蛋液。

2.高汤烧开后，放入虾仁煮滚，加水淀粉勾芡后放入豆花，煮沸后加盐调味，撒上香菜末即可。

甜蜜三色泥

材料 红枣、红豆沙、山药各80克，白糖、水淀粉、各色果脯各适量

做法

1.先将红枣煮熟后去皮、去核并弄成枣泥。

2.山药上笼蒸至烂熟，取出后去皮、用刀压成山药泥。

3.把红枣泥、山药泥及红豆沙搅拌均匀放入大碗里，上笼蒸熟后扣入一个大盘里，可加上一些各色果脯。

4.在小锅里加入适量清水和白糖，煮沸后用水淀粉勾成薄糊状浇在盘上即成。

西红柿炒蛋

材料 西红柿100克，鸡蛋50克，盐、植物油、葱花、蒜各适量

做法

1.把西红柿用沸水烫一下，撕去外皮，切成5厘米长、2厘米粗的条，用清水洗一次，捞起沥干水。

2.把鸡蛋打入碗内，加少许盐，用筷子调匀，再加入西红柿条，调匀。

3.锅置火上，放植物油烧热，将西红柿、葱花、蛋液一起倒入，用铲子快速翻炒，以免炒煳。

4.待鸡蛋全熟，起锅盛盘即成。

拌面

材料 细手擀面30克，梨汁30毫升，酱油、香油、芝麻粉各适量

做法

1.细手擀面放入开水里煮，煮开后再捞出用凉水冲洗。

2.碗里放入梨汁、酱油、香油、芝麻粉后充分搅拌做调味酱。把煮后的面条剪成小段后加入调味酱搅拌。

黄瓜蜜条

材料　黄瓜1 500克，蜂蜜100克

做法

将黄瓜洗净，切成条状，放锅内煮沸后去掉汤汁趁热加入蜂蜜，再次煮沸即可。

荠菜熘鱼片

材料　荠菜80克，净大黄鱼肉180克，植物油、鲜汤、盐、白糖、料酒、水淀粉、香油各适量

做法

1.荠菜洗净、切碎，待用。

2.净大黄鱼肉切成3厘米宽、5厘米长、0.3厘米厚的鱼片，在料酒、盐中上浆备用。

3.锅烧热放植物油，待油烧至四成热时放入鱼片，待鱼片发白断生时取出，把油沥干净。

4.炒锅留余油，加入切碎的荠菜略炒，加鲜汤，放入盐、白糖少许，烧开投入鱼片，加水淀粉勾芡，淋上香油即可。

黄瓜蒸蛋

材料　蛋黄、黄瓜各10克，鸡胸肉50克，盐适量

做法

1.将鸡胸肉去皮，洗净，熬煮成鸡汤。

2.将蛋黄打成蛋液，加入鸡汤搅拌均匀。

3.黄瓜去籽，洗净，入沸水煮5分钟，盛出。

4.蛋汁倒入黄瓜中，放进蒸锅里，用小火蒸10分钟即可。

贴心提示　富含优质蛋白和利于大脑发育的卵磷脂。

玉米拌油菜心

材料 玉米粒30克，油菜心50克，香油少许，盐适量

做法

1.将玉米粒与油菜心洗净，放入滚水中煮熟，捞出沥干。

2.将油菜心和玉米粒放入盘中，拌入香油和盐即可。

豌豆炒虾仁

材料 豌豆30克，海虾75克，盐1克，香油少许，植物油适量

做法

1.豌豆洗净，入沸水中氽烫过水备用。

2.海虾去头、去尾，挤出虾仁，剔出沙线，洗净。

3.植物油放锅中烧热，下入虾仁爆炒后，再下入豌豆，加一点儿水，焖煮一下，加盐，滴入香油即可。

清炒南瓜

材料 嫩南瓜300克，青椒50克，植物油、姜、葱、盐各少许

做法

1.嫩南瓜去皮，洗净切片；青椒洗净，切成片；姜、葱分别洗净，姜切丝，葱切段。

2.热锅下植物油，放姜丝、葱段爆香，再放南瓜片、青椒片翻炒3分钟。

3.加半碗水，盖上锅盖焖至水收干（中间要打开锅盖时不时翻一下），调入适量盐炒匀即可。

琥珀桃仁

材料 核桃仁120克，植物油、熟芝麻各适量，白糖30克

做法

1.锅中放植物油烧热，倒入核桃仁中火炒至白色的桃仁肉泛黄，捞出控油。

2.去掉锅内的油，倒入两勺开水，放入白糖，搅至熔化，倒入核桃不断翻炒至糖浆变成焦黄，全部裹在核桃上，再撒入熟芝麻，翻炒片刻即成。

四色炒蛋

材料 鸡蛋50克，青椒5克，黑木耳20克，植物油、葱、姜、盐、水淀粉各少许

做法

1.将鸡蛋的蛋清和蛋黄分别放入两个碗中（用滤网过滤出蛋清），并分别加入少许盐搅打均匀；青椒和黑木耳洗净，切成菱形块。

2.锅置火上，放植物油烧热，分别放入蛋清和蛋黄煸炒，盛出。再起油锅，放入葱、姜爆香，放入青椒和黑木耳，炒到快熟时，加入少许盐，再放入炒好的蛋清和蛋黄，用水淀粉勾芡即可。

虾末什锦菜

材料 小虾90克，豆腐50克，嫩豌豆苗、香菇各10克，酱油、香菜末、香油、盐各少许

做法

1.把小虾放入开水中煮后剥去皮，切碎。

2.豆腐切碎；嫩豌豆苗洗净后切碎。

3.香菇洗净切丁，与虾、豆腐、豆苗一起加入汤中煮5分钟，再加酱油、香菜末、香油、盐调味即可食用。

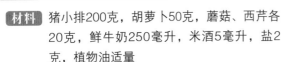

奶汤小排骨

材料 猪小排200克，胡萝卜50克，蘑菇、西芹各20克，鲜牛奶250毫升，米酒5毫升，盐2克，植物油适量

做法

1.猪小排洗净，切成小条块，放沸水中氽烫后，沥干水分加米酒和盐腌一下。

2.锅内植物油烧热后，放入排骨煎炒一下，捞起放入汤锅。

3.胡萝卜、西芹切成片，放入油锅煸香后，也放入汤锅中；蘑菇洗净，切块。

4.汤锅内倒入少量清水，烧开后，加入150毫升牛奶，用小火焖煮至排骨软熟，然后放入蘑菇块和剩下的牛奶，继续用小火焖煮至排骨酥软，香味出来后，加入盐调味即可。

碎菜牛肉

材料 嫩牛肉、西红柿各30克，菠菜叶20克，胡萝卜15克，黄油、高汤、盐各适量

做法

1.将嫩牛肉洗净切碎，放到锅里煮熟；胡萝卜洗净，去皮，切成1厘米见方的丁，放到锅里煮软备用。

2.将菠菜叶洗干净，放到开水锅里焯2~3分钟，捞出来沥干水，切成碎末备用。

3.将西红柿用开水烫一下，去掉皮、籽，切成碎末备用。

4.黄油放入锅内烧热，依次下入胡萝卜、西红柿、牛肉碎、菠菜翻炒均匀，加入高汤和盐，用火煮至肉烂即可。

 鸡丝炒青椒

材料 鸡胸肉50克，青椒20克，盐1克，植物油适量

做法

1.鸡胸肉洗净，用开水汆烫后，切成细丝。

2.青椒洗净，切成丝。

3.锅中植物油烧热，放入鸡肉丝煸炒，再下入青椒丝炒熟，加盐调味即可。

腊肠煎蛋

材料 腊肠40克，鸡蛋100克，生抽少许

做法

1.腊肠去肠衣切成薄片；鸡蛋在碗中打散，将蛋液搅拌均匀。

2.锅烧热后，放入腊肠翻炒几下出油后，倒入鸡蛋液，煎至两面呈金黄色，滴入生抽即可。

油菜烧豆腐

材料 猪里脊肉、油菜各30克，豆腐50克，葱末、姜末各5克，盐1克，植物油适量

做法

1.猪里脊肉洗净，入热水中烫一下，切小薄片。

2.油菜洗净，切成小段；豆腐洗净切厚片，用植物油煎黄。

3.另起油锅烧热后，放入肉片和葱末、姜末爆炒，随后下入豆腐片、油菜段和少许水煸炒熟透后，加盐调味即可。

 肉末蒸蛋

材料 鸡蛋50克，肉末适量，盐3克，植物油、葱花各少许

做法

1.鸡蛋打到碗内，放盐，用手动打蛋器或筷子顺一个方向将其打散后，碗内倒入晾温的白开水，搅拌均匀，温水和鸡蛋的比例大约2：1。

2.用滤网将蛋液过滤，滤后的蛋液色泽单一，没有气泡，没有沉淀；待蒸锅内的水烧滚后，将盛蛋液的碗放入蒸笼内大火蒸10分钟左右。

3.在蒸蛋的空当，另起锅，锅内倒少许植物油，将肉末炒熟；在已经成型的蛋液表面撒入肉末，盖上蒸笼，再蒸2分钟左右，起锅前撒上葱花即可。

 山楂梨丝

材料 山楂100克，梨300克，白糖适量

做法

1.山楂洗净，去核；梨去皮、核，切丝。

2.炒锅置火上，放入白糖，加入适量清水熬至糖起丝，放入山楂炒至糖汁浸透时起锅。

3.将糖炒山楂与梨丝拌匀即可食用。

 肉末卷心菜

材料 瘦猪肉50克，卷心菜200克，植物油、葱末、姜末各适量，酱油、盐、水淀粉各少许

做法

1.瘦猪肉洗净，剁成碎末；卷心菜洗净，放入开水锅中汆烫后，切碎。

2.锅置火上，放植物油烧热，放入肉末煸炒断生，加入葱末、姜末、酱油、盐搅炒两下，放入少量水，煮软后再加入卷心菜稍煮片刻，用水淀粉勾芡即可。

 山楂饼

材料 山楂50克，山药100克，白糖适量

做法

1.将山楂去皮；山药去皮切成块。
2.山楂、山药块一起放入碗内，加白糖调匀后，上笼蒸熟。
3.最后压制成小饼即可

 清炒平菇

材料 新鲜平菇250克，盐、料酒、醋、清汤、水淀粉、香油各少许，植物油适量

做法

1.将新鲜平菇去杂，洗净，放入沸水锅内汆烫，捞出，沥干水，切丝。
2.锅置火上，放植物油烧热，放入平菇丝煸炒几下，加入盐、料酒、醋、清汤，烧至入味，用水淀粉勾芡，淋上香油装盘即可。

 萝卜炖鱼

材料 青条鱼500克，萝卜100克，水发冬菇、肥猪肉各30克，香菜、葱、姜、盐各少许，植物油、料酒、醋、清汤、花椒油各适量

做法

1.将青条鱼洗净，在鱼体两面划两刀，放入沸水锅内汆烫，捞出，沥干水；水发冬菇洗净，切两半；萝卜去皮，洗净，切片；肥猪肉洗净，切条；香菜洗净，切末。
2.锅内放植物油烧至六七成热，放入鱼，用中火将两面煎至淡黄色时捞出。
3.锅留底油烧热，放入肥猪肉条，炒至变色，放入冬菇、萝卜片略炒，烹入料酒、醋，兑入清汤，放入煎过的鱼，用旺火略炒，加入葱、姜，改用小火加盖炖30分钟左右。
4.放入盐调味，拣出葱、姜，撒上香菜末，淋上花椒油即可。

香椿煎蛋饼

材料 香椿50克，鸡蛋100克，葱末、姜末、盐各少许，植物油适量

做法

1.把香椿择洗净，放入沸水内焯烫片刻后，捞出，放凉后挤干水分，切成末。

2.将鸡蛋打入碗中，加葱末、姜末、盐搅拌均匀。

3.将香椿末放入鸡蛋液中拌匀。

4.起平锅加热植物油，倒入鸡蛋液，小火煎至两面金黄即成。

银芽鸡丝

材料 芹菜、胡萝卜各25克，鸡胸肉、绿豆芽各50克，香油、盐各少许

做法

1.鸡胸肉洗净，放入锅中加半锅冷水煮开，焖10分钟，捞出冲冷水，待凉，用手剥成细丝备用。

2.芹菜洗净，切成3厘米小段，绿豆芽洗净，去除根部，一起放入沸水中焯烫，捞起，以冷开水冲凉。

3.胡萝卜去皮、切细丝，放入碗中，加一半盐腌至微软，以清水冲净，放入盘中。

4.加入烫好的鸡丝和芹菜、绿豆芽搅拌，加入剩余的盐、香油拌匀即可。

豆腐饭

材料 大米、豆腐各150克，青菜50克，肉汤适量

做法

1.将大米淘洗干净，放入小盆内，加入适量清水，上笼蒸成软饭。

2.将青菜择洗干净，切成末；豆腐放入开水锅中煮一下，切成末。

3.米饭放入锅内，加入适量肉汤一起煮，煮软后加豆腐、青菜末稍煮。

圆白菜炒面

材料 面条、圆白菜各50克，葱末5克，蚝油、醋、生抽、植物油各少许

做法

1.圆白菜切成细丝备用；锅中倒入清水煮开后放入面条煮到断生，捞出沥干备用。

2.炒锅中倒入少许植物油，放入葱末爆香；圆白菜下锅爆炒，加入少许醋翻炒均匀；放入面条，用筷子炒散，淋入生抽拌匀。

3.淋入蚝油炒匀即可。

鸡肝肉饼

材料 豆腐20克，瘦猪肉50克，鸡肝10克，鸡蛋60克，盐、香油各少许

做法

1.豆腐放入滚水中煮2分钟，捞起滴干水，片去外衣不要，豆腐搓成蓉。

2.鸡肝洗净，抹干水剁细；鸡蛋打成鸡蛋液；瘦猪肉洗净，抹干水剁细。

3.瘦猪肉、鸡肝、豆腐蓉同盛大碗内，加入滤出的鸡蛋清拌匀，加入盐、香油拌匀，放在碟上，做成圆饼，蒸7分钟至熟。

豆腐鸡蛋饼

材料 豆腐、柿子椒各20克，鸡蛋、西红柿各50克，盐、植物油各少许

做法

1.将豆腐除去水分并捣碎，放盐调味；鸡蛋打入碗中加适量盐搅匀；西红柿和柿子椒切成小碎块。

2.将鸡蛋糊倒入放植物油的煎锅煎成蛋饼，半熟时将豆腐、柿子椒、西红柿放在上面即可。

蔬菜米饭饼

材料 米饭60克，虾仁、胡萝卜各20克，洋葱、糯米粉各10克，鸡蛋50克，青甜椒5克，植物油适量

做法

1.虾仁洗净后捣碎；胡萝卜和洋葱去皮后捣碎；青甜椒去籽后捣碎。

2.鸡蛋打入碗中，充分搅拌，然后把米饭、糯米粉放入碗中充分搅拌。

3.锅中放入植物油，用勺放入大小一致的量，煎至两面焦黄即可。

鱼肉白菜饺子

材料 鱼肉50克，白菜叶末20克，葱花、姜末各少许，甜酱、料酒、盐、香油各适量

做法

1.将鱼肉去皮，剔除鱼刺，剁成泥状。

2.鱼肉泥内放入甜酱、葱花、姜末、料酒、盐、香油、白菜叶末，搅拌均匀，制成馅后包成饺子。

3.锅置火上，放入适量清水，烧开后放入鱼肉饺子，煮熟，最后稍调味即可。

肉末茄丁

材料 茄子、肉末各50克，蒜末、植物油各少许

做法

1.茄子煮熟后，去皮切成小丁。

2.锅中下植物油热后将肉末烧熟，再下入茄丁混炒几下加蒜末即可。

西红柿炖豆腐

材料 西红柿100克，豆腐200克，植物油、盐各少许

做法

1.西红柿洗净，切片；豆腐切小块。

2.锅置火上，放植物油烧热，放入西红柿煸炒（注意火候不可太大），直至西红柿炒成汤汁状。

3.放入豆腐块，加入适量清水，大火烧开，转中小火慢炖，约30分钟左右，加少许盐调味即可。

草莓黄瓜

材料 黄瓜200克，草莓250克，盐、白醋、白糖各适量

做法

1.黄瓜洗净，切去两头，再切成圆片，放入小碗里加盐腌制15分钟左右，然后用水冲洗干净，沥干水分，装入盘中；把草莓蒂去掉洗干净，切片，装入盘中。

2.白糖用凉开水溶化，放入白醋拌匀，放入冰箱冷冻后取出来。然后淋到黄瓜草莓上即可。

五彩香菇

材料 水发香菇、水发木耳各100克，青椒、红椒、熟冬笋各50克，绿豆芽10克，盐、植物油、水淀粉各适量

做法

1.将青椒、红椒、熟冬笋、绿豆芽、水发木耳分别洗净后切成细丝，放入植物油锅煸炒后，加水、盐，用水淀粉勾芡成卤汁。

2.将水发香菇洗净切小块，放入油锅内炒熟，盛出后浇入卤汁即可。

 蛋糕

材料 面粉、鸡蛋各100克，白糖50克，植物油少许

做法

1.先将鸡蛋打入容器内，再放入白糖，用竹筷顺着一个方向旋转搅拌，使空气充入蛋液，并使白糖充分溶化于其中，形成饱含泡沫的黏稠胶体。

2.当蛋液打发的程度比原体积增大2倍时，加入面粉，并使之混合均匀，此为蛋糊。

3.先用植物油少许涂抹蛋糕模，再将打发蛋糊盛入模具内，再将蛋糕模放入烤盘中，在烤盘里倒入一杯清水，把烤盘放入已预热的烤箱中层，以160℃的火力，烘烤20分钟即可。

 豆沙包

材料 红豆沙50克，面粉100克，发酵粉适量

做法

1.将面粉放入盆中，加入适量清水与发酵粉揉匀，发酵后做成面剂，擀成面皮，放入红豆沙馅包好。

2.锅中放水烧开，将做好的豆沙包放入屉上蒸20分钟即可。

 油菜肉末煨面

材料 香葱10克，挂面50克，肉末、小油菜各30克，植物油、料酒、盐各适量

做法

1.香葱洗净切小段，用植物油爆香，将肉末放入锅中与香葱煸炒，然后淋料酒，加水煮开，改小火。

2.另用半锅水烧开，将挂面煮熟，捞入肉末汤内，小火煨煮5分钟。

3.小油菜洗净，切碎，放入汤内同煮，加盐调味后即可。

西红柿通心面

材料 通心面100克，西红柿、豆腐、西红柿酱各50克，肉馅、青豆各10克，土豆40克，白糖3克，胡萝卜丁、盐各少许，植物油适量

做法

1.通心面放入热水中烫熟备用，青豆烫熟备用。

2.西红柿、土豆分别洗净切小丁，豆腐切丁。

3.植物油放入锅中，热后加入肉馅炒香后，加入西红柿丁、土豆丁、胡萝卜丁以及少许水，焖至将熟，加入豆腐、白糖和少许盐后熄火。

4.将西红柿酱、青豆和炒好的料淋在通心面上即可。

> **贴心·提示** 通心面在热水中煮熟后，可以放进冷水中再捞起沥干，这样面会更劲道。

水晶虾饺

材料 淀粉50克，海虾、澄粉各100克，鲜香菇30克，黑木耳20克，葱末、姜末、盐各3克

做法

1.将澄粉与淀粉混合后揉成面团，静置在一边醒30分钟；鲜香菇、黑木耳均洗净切成碎末；海虾去头、去皮、去虾线洗净，剁成虾蓉后放入香菇、木耳碎末、盐、葱末、姜末充分搅拌均匀，使肉馅上劲。

2.面板上撒少许淀粉，将面团揉成长条，均匀切成若干小剂子并擀成面皮，放入虾肉馅包成小饺子。

3.蒸锅内加水，水开后上锅，大火蒸10分钟即可。

鱼香茄子盖浇饭

材料 热米饭250克，长条茄子200克，肉末20克，葱末、蒜末、姜末各3克，盐1克，酱油、豆瓣酱、白糖各5克，植物油适量

做法

1.长条茄子去蒂洗净，切成条备用。

2.植物油放锅中烧热，放入茄子炸软，捞出沥油，备用。

3.锅内留适量油，烧热后放肉末炒香，加葱末、姜末、蒜末、酱油、豆瓣酱、白糖煸炒，再放入炸好的茄子条和适量水炒匀、炒透，最后放盐调味，盛出浇在热米饭上即可。

混合饭团

材料 米饭60克，黄瓜、胡萝卜各20克，鱼肉15克，紫菜2克，香油、芝麻、盐各少许

做法

1.用盐搓掉黄瓜表皮的刺后，切成7毫米大小的丁，胡萝卜去皮，切成同样大小的丁，最后把胡萝卜丁、黄瓜丁放入锅中炒熟。

2.鱼肉用水浸泡10分钟后去水，炒干后捣碎，紫菜烤干后弄碎。

3.米饭里加入上述食材及香油、芝麻，充分搅拌后捏成适当的大小，做成饭团即可。

洋葱鸡肉饭

材料 洋葱、鸡肉、大米各50克，盐2克，植物油适量

做法

1.洋葱洗净后，去皮切碎；鸡肉洗净，切碎。

2.大米淘洗干净后，加水煮饭。

3.植物油放锅中，热后下入鸡肉碎翻炒，再下入洋葱碎炒熟后，加盐盛出，混入将熟的米饭上，再焖5分钟。

1岁半～2岁——越走越好，越嚼越爽

饮食营养同步指导

绝大多数宝宝19个月时已长出12颗牙。到21个月的时候，出牙快的宝宝已经有20颗牙齿，出牙较慢的宝宝也长出了16颗牙，宝宝的咀嚼功能日趋完善，消化能力提高，其饮食也越来越成人化了。

乳品已不再是宝宝的主食，但仍应每天饮用牛奶，以获得优质蛋白质。到了21个月以后，还没有断奶的宝宝应尽快断奶，否则将不利于建立适应其生长需求的饮食习惯，更不利于宝宝的身心发育。

宝宝摄入的食物中，碳水化合物占有很大的比例，它们在体内均能转化为葡萄糖。因此，宝宝不宜直接摄入过多的葡萄糖，更不能用葡萄糖代替白糖。常用葡萄糖会导致消化酶分泌功能降低，消化能力减退，从而影响宝宝的生长发育。

讲究烹调，使食物味道鲜美，可以促进宝宝食欲。宝宝的消化能力、咀嚼能力差，饭菜要做得细嫩松软，食物要色艳味香。妈妈多为饭菜变换花样，宝宝就会因为新奇而多吃。

宝宝的胃容量较小，一次进食量又有限，饿得比较快，适当吃零食可以补充一些营养和热量。但是父母不能滥用零食来哄劝宝宝，当宝宝发脾气时，不要利用零食来转移不合理要求，这样会使宝宝觉得零食是奖励品，无意间强化了宝宝吃零食的习惯，并学会用吃零食来讨价还价。

宝宝的吞咽功能并没有父母想象的那样好，花生米、瓜子、有核的枣等是不宜给宝宝食用的，只能适当提供一些需要去咀嚼又能嚼的食物，所提供食物的硬度，也要遵循循序渐进的原则。

强迫宝宝进食害处多

有些家长看到宝宝不肯吃饭，就十分着急，采取各种办法，软硬兼施，先是又哄又骗，哄骗不行，一时性急，就对宝宝又吼又骂，甚至大打出手，强迫宝宝进食。事实上，这样会严重影响宝宝的身心健康。

如果宝宝在极不愉快的情绪下被强迫进食，中枢神经系统就不能促进消化液的分泌，宝宝即便是把饭菜吃进肚子里，也不能把食物充分消化和吸收。长期下去，宝宝的消化能力减弱，吸收出现障碍，造成营养不良。这时会加重宝宝拒食，影响正常的生长发育。所以吃饭的时候家长一定要注意自己的言行举止。

宝宝边吃边玩怎么办

有些宝宝总是一边吃饭一边玩耍，饭凉了才吃了一丁点。对此，家长又该怎么办呢？

对于处在好奇心大增阶段的宝宝来说，吃饭也是一种游戏，是用自己的触觉、嗅觉、视觉来对这个世界进行更好的了解。宝宝吃饭时，家长应将玩具收走，并关掉电视，让宝宝集中注意力吃饭，就可避免宝宝边吃边玩。

如果宝宝只玩不吃又该怎么办？遇到这种情况，家长不应呵斥宝宝，而是要规定一个时间界限，超过这个时间界限就收拾桌子，之后，即使宝宝喊饿，也不给他饭吃。

这样做是为了让宝宝接受教训，20个月的宝宝已明白一些道理，这样做可以让其亲身体验到不好好吃饭的后果。

进餐教养

● 进餐时要关掉电视

宝宝1岁以后终于能与大人同桌进餐了，因此全家人应该为宝宝营造愉快的进餐气氛，特别是不能在进餐时开着电视。因为如果进餐时开着电视，全家人的目光难免就会专注于电视，而无法与宝宝互相沟通。即使是宝宝不喜欢食物的味道或吃了不该吃的食物时，家长也意识不到，这会使宝宝对进餐变得淡漠。

所以，进餐时间一到，应该关掉电视，全家人一起享受进餐的温馨，这样也可以防止宝宝以后养成边吃饭边看电视的坏习惯。

宝宝营养食谱

荔枝饮

材料 新鲜荔枝100克，红枣50克，冰糖10克

做法

1.将新鲜荔枝、红枣洗净，去皮、核。

2.锅置火上，放入荔枝、红枣，加适量水，用大火煮沸，改小火煮30分钟。

3.将冰糖弄碎，加水溶化，倒入荔枝汤内即可。

蔬菜浓汤

材料 土豆、胡萝卜各15克，洋葱20克，青豆仁10克，豆腐50克，黑木耳少许，植物油、盐各适量

做法

1.将土豆、胡萝卜去皮、切丁备用。

2.黑木耳泡发后撕成小朵，洋葱去皮切丁，豆腐切丁。

3.将植物油放锅中热好后，炒洋葱和胡萝卜，再加入土豆丁、青豆仁、豆腐丁、黑木耳用小火慢炖至高汤浓调，最后加入少许盐即可熄火。

虾仁紫菜汤

材料 虾仁50克，紫菜10克，盐、水淀粉、植物油各适量，葱末、姜末各少许

做法

1.将紫菜洗净，切成适口小片。

2.将虾仁洗净，去虾线，放入碗中加少许盐、水淀粉调匀备用。

3.锅中放植物油烧至七八成热，用姜末、葱末炝锅，放入虾仁煸炒，加入适量清水，待水烧沸后放入紫菜稍煮，放盐调味即可。

 红豆莲子汤

材料 红豆100克，莲子50克，冰糖少许

做法

1.将红豆洗净，浸泡2小时；莲子洗净，去心，浸泡2小时。

2.将红豆和莲子一起放入电饭煲里，煲2小时至熟烂。

3.加入冰糖溶化即可。

 菠菜鸭血豆腐汤

材料 鸭血、嫩豆腐各20克，菠菜叶10克，枸杞少许，高汤适量

做法

1.先将菠菜叶洗净，放入开水锅中焯烫2分钟；鸭血和嫩豆腐切成薄片；枸杞洗净。

2.砂锅置火上，放入高汤，放入鸭血、豆腐、枸杞，用小火炖30分钟左右。

3.放入菠菜，再煮1~2分钟，即可。

 海米紫菜蛋汤

材料 海米、紫菜各10克，鸡蛋50克，盐适量，香油少许

做法

1.将海米、紫菜泡发后洗净，切成碎末。

2.将鸡蛋打入碗内搅匀。

3.锅内放入适量清水烧沸，下海米、紫菜，煮至熟烂，再倒入鸡蛋液成蛋花汤，加入盐、香油即可。

牛肉蛋花汤

材料 剁碎牛肉100克，西芹20克，鸡蛋60克，西红柿50克，盐、料酒各适量

做法

1.西芹洗净，切成小粒，用开水烫一下；西红柿去皮，切碎；鸡蛋磕入碗中，搅成蛋液。

2.锅置火上，加适量清水，放入剁碎牛肉，大火烧开后，改用小火炖，煮熟。

3.煮熟后加入盐调味，然后放入西芹、西红柿，待滚烫后淋入鸡蛋液，放入少许料酒即可。

豆腐鱼头汤

材料 鲢鱼头500克，豆腐50克，料酒10毫升，葱末、姜末各5克，大豆油适量，盐少许

做法

1.鲢鱼头洗净，去鳃，切成4块；豆腐冲洗后，切成小块。

2.放大豆油入锅中热后下入葱末、姜末爆香后，入鱼头，加料酒煸炒后，加入适量水和豆腐块，盖上锅盖，大火煮开后，小火焖煮15分钟，加盐调味即可。

鸡肉芹菜汤

材料 鸡肉30克，芹菜20克，鸡汤、盐各适量

做法

1.将鸡肉去膜、去筋洗净，切成肉末。

2.将芹菜去根、去叶洗净，切成碎末。

3.将鸡肉末、芹菜末、鸡汤同放入锅中，大火烧沸，小火煮至黏稠状加入盐即可。

什锦小白菜汤

材料 小白菜50克，土豆30克，胡萝卜20克，青豆10克，盐3克，香油2毫升

做法

1.小白菜洗净，切段；土豆、胡萝卜分别洗净，去皮，切成菱形片；青豆洗净，焯一下。

2.汤锅置火上，倒入适量水，放入土豆片、胡萝卜片、青豆煮10分钟，再放入小白菜段煮开，放入盐、香油调味即可。

白萝卜浓汤

材料 白萝卜100克，高汤150毫升，玉米粉适量

做法

1.将白萝卜洗净，去皮，切成2厘米厚的圆片状，取其中的1/4烫软，捣烂。

2.锅置火上，放入高汤，煮开，放入捣烂的白萝卜略煮。

3.均匀地倒入调稀的玉米粉，稍煮后即可食用。

绿豆粥

材料 大米100克，绿豆50克

做法

1.将大米用清水淘洗干净；绿豆除去杂质，用清水淘洗干净，然后放入清水中浸泡3个小时，捞出。

2.锅内放入适量清水，放入泡软的绿豆，大火烧开，转小火，焖至绿豆酥烂。

3.放入大米，用中火煮至米粒开花，粥汤稠浓即可。

 莲藕薏米排骨汤

材料 排骨200克，莲藕250克，薏米、盐各适量

做法

1.莲藕洗净，切厚片；薏米洗净；排骨氽水；水开后将材料全部放入。

2.煮开，改慢火炖2小时，最后放盐调味即可。

  罗宋汤

材料 牛肉100克，圆白菜、胡萝卜各50克，芹菜25克，土豆、西红柿、洋葱各30克，红肠20克，西红柿酱少许

做法

1.牛肉洗净切小块；土豆、胡萝卜、西红柿均去皮切小块；圆白菜切碎；洋葱切丝；芹菜切丁；红肠切片。

2.锅内加适量水，放入牛肉块、洋葱丝后加盖大火煮开，改小火煮至牛肉熟烂为止。

3.放入胡萝卜、土豆块煮烂，再加入红肠、芹菜、圆白菜煮沸约10分钟，调入西红柿酱，最后加西红柿块略煮即可。

 鱼肉粥

材料 大米、鱼肉各20克，植物油、盐各适量

做法

1.将鱼肉洗净，去皮、去刺后，剁成泥。

2.锅中放入适量清水，下入洗净的大米熬成粥。

3.锅中放植物油烧热，下鱼肉泥煸炒至熟，放入盐调味。

4.将炒熟的鱼肉放入大米粥内，同煮至浓稠即可。

玉米粥

材料 玉米面100克

做法

1.将玉米面放入大碗中，用凉开水搅成稀糊状。

2.锅内放入适量的清水烧沸，将玉米糊徐徐地倒入沸水中，边倒入边搅拌，熬成浓稠状即可。

皮蛋瘦肉粥

材料 瘦猪肉50克，松花蛋60克，大米30克，鲜汤、盐各适量

做法

1.将瘦猪肉洗净，放入锅中，用大火煮沸，再转用小火煮20分钟，撇去浮沫，捞出猪肉切成小丁。

2.松花蛋去壳，切成末。

3.大米淘洗干净，放入锅中，加入鲜汤和水用大火烧开后转小火熬煮成稀粥，粥稠后加入盐、猪肉丁和松花蛋末，稍煮即可。

红薯木耳粥

材料 红薯500克，海参20克，黑木耳30克，白糖适量

做法

1.将海参、黑木耳分别用温开水泡软，洗净；红薯去皮切成小块备用。

2.将海参、黑木耳、红薯一起放入锅内煮熟，放入白糖即可。

> **贴心·提示** 木耳富含蛋白质、粗纤维，所含的生理活性物质对人体有营养保健作用，有补气益智、润肺的功效。

 西米甜瓜粥

材料 西米100克，甜瓜、粳米各50克，白糖15克

做法

1.将甜瓜冲洗净，刮去瓜皮，去除内瓤，切成丁块；西米放入沸水锅内，稍滚后捞出；粳米再用冷水浸泡片刻，沥干水分。

2.取锅加入约1 000毫克冷水，烧沸后加入西米、甜瓜块，先用旺火烧沸；然后改用小火熬煮成粥，再加入白糖调味，即可。

蜜枣冰糖粥

材料 蜜枣50克，花生米10克，开心果、腰果各6粒，大米100克，冰糖适量

做法

1.开心果去壳，与腰果、花生米一同炒熟，压碎成干果粉。

2.大米洗净，入锅，放入蜜枣和适量水一同煮粥。

3.煮熟时，放入干果粉搅匀，煮沸后加入冰糖，搅至冰糖溶化即可。

桑葚芝麻粥

材料 桑葚、黑芝麻各60克，白糖10克，粳米50克

做法

1.桑葚、黑芝麻、粳米淘洗干净后一同捣碎。

2.桑葚、黑芝麻、粳米放入锅中，加清水适量，用武火烧开后转用文火熬煮成稀糊状。

3.出锅前加白糖调味即可。

烧蘑菇

材料 蘑菇100克，植物油、葱末、姜末、清汤、盐、水淀粉各适量

做法

1.将蘑菇去杂，洗净，切成条。

2.锅置火上，放植物油烧热，放入葱末、姜末煸香，放入蘑菇条煸炒，加入盐炒至入味。

3.再放入清汤，大火烧开，转小火稍焖一会儿，用水淀粉勾芡，翻炒均匀，出锅装盘即可。

西红柿鱼

材料 净鱼肉100克，西红柿50克，盐少许，汤150毫升

做法

1.将净鱼肉洗净、切片，放入开水中煮，然后除去骨刺和皮；西红柿开水烫一下，剥去皮，切薄片。

2.将汤倒入锅内，加入鱼肉片，稍煮后，加入切碎的西红柿和盐，再用小火煮沸即可。

炒三丁

材料 鸡蛋、黄瓜各50克，豆腐30克，葱、姜各少许，植物油、盐、水淀粉各适量

做法

1.将鸡蛋磕入碗中，搅成蛋液，倒入抹油的盘内，上笼蒸熟，取出切成小丁。

2.将豆腐、黄瓜切成丁。

3.锅置火上，烧热放植物油，放入葱、姜爆香，再放入鸡蛋丁、豆腐丁、黄瓜丁，加适量水及盐，烧透入味，用水淀粉勾汁即可。

什锦蛋丝

材料　鸡蛋100克，青椒、胡萝卜各50克，干香菇5克，植物油、盐、水淀粉、香油各适量

做法

1.先将鸡蛋蛋清、蛋黄分别打入2个盛器内，打散后加入少许水淀粉打匀，再分别放入涂油的方盘中，入锅隔水蒸熟；冷却后取出，分别改刀成蛋白丝和蛋黄丝。
2.干香菇用温水浸泡变软，青椒洗净去籽，胡萝卜洗净，分别改刀成丝。
3.炒锅中加植物油，放入胡萝卜丝、香菇丝、青椒丝，煸炒至熟，放入蛋白丝和蛋黄丝，加入盐，翻炒均匀，淋入香油即成。

干炸小黄鱼

材料　小黄鱼500克，面粉150克，植物油、鸡精、盐、料酒各适量

做法

1.将小黄鱼去掉内脏，洗干净，加入盐、鸡精和料酒，腌制1个小时左右。
2.逐个放入面粉中滚几次，使鱼身上均匀地裹上一层面粉。
3.锅内加入植物油烧至六七成热，将小黄鱼放入炸至金黄色，取出控油。
4.继续加热油锅，待油温升至八成热时，逐个放入黄鱼再炸一遍，使小黄鱼焦脆即可。

豆腐蒸蛋

材料　鸡蛋50克，豆腐30克，盐适量，姜末、葱末各少许

做法

1.豆腐洗净，切成1.5厘米见方的小块，用开水焯一下，过凉后研碎。
2.将鸡蛋一半打入碗内搅匀，加入葱末、姜末、盐、豆腐再搅匀，上屉蒸10分钟即可。

锅塌豆腐

材料 豆腐100克，面粉、鸡蛋各50克，青蒜15克，鸡汤100毫升，香油、盐各2克，料酒5毫升，海米5克，植物油适量

做法

1.将豆腐洗净沥干，切成小方块，放入盘内加入面粉粘匀；青蒜择洗干净，切段。

2.将鸡蛋打匀后倒在豆腐块上，每块豆腐均蘸有鸡蛋液，逐片放入八成热的植物油内，炸至金黄色，捞出，沥油。

3.将锅内油倒出，放入鸡汤、海米、盐、料酒，煮开后把豆腐块放入，用文火煮7分钟，收汤汁至黏稠，淋入香油，撒上青蒜段盛盘即成。

黄瓜炒肉丁

材料 猪里脊肉100克，黄瓜40克，盐2克，酱油5毫升，葱花、姜丝各5克，植物油适量

做法

1.黄瓜洗净，切成1厘米见方的小丁备用。

2.猪里脊肉洗净，切成与黄瓜丁大小相似的小丁，放入碗中，加入一半的盐、酱油，抓拌均匀。

3.炒锅烧热，植物油烧热后将腌好的猪肉丁炒至变色，盛入碗中。

4.锅中再加一些植物油，热后放入葱花、姜丝，然后放入黄瓜丁翻炒，放入剩下的盐、酱油翻炒均匀，然后将炒好的肉丁放进去，炒匀炒熟即可。

四喜丸子

材料 肉馅100克，鸡蛋50克，高汤、水淀粉各适量，葱末、姜末、盐、香油、料酒各少许

做法

1.将肉馅放入盆内，加入适量的鸡蛋、葱末、姜末、盐、香油、清水，用手搅至上劲，待有黏性时，把肉馅挤成15个丸子待用。

2.将鸡蛋、水淀粉调成较稠的蛋粉糊；将丸子放入小碗内，浇点高汤，加入盐、料酒、葱末、姜末，调好味，上笼蒸15分钟即成。

白萝卜炖大排

材料 猪排100克，白萝卜20克，姜片、盐各适量

做法

1.猪排剁成小块，入开水锅中焯一下，捞出用凉水冲洗干净，重新入开水锅中，放姜片，用中火煮炖90分钟，捞出去骨；白萝卜去皮，切条，用开水焯一下，去生味。

2.锅内煮的排骨汤继续烧开，投入去骨排骨和萝卜条，炖15分钟，肉烂、萝卜软调入盐即可。

肉末圆白菜

材料 瘦猪肉50克，圆白菜150克，植物油、葱末、姜末、酱油、盐、水淀粉各少许

做法

1.将瘦猪肉洗净，剁成碎末；圆白菜洗净，用开水烫一下，切碎。

2.锅置火上，放植物油烧热，放入肉末煸炒断生，加入葱末、姜末、酱油、盐翻炒几下，放入少量水，煮软后再加入圆白菜稍煮片刻，用水淀粉勾芡即可。

牛奶炒蛋清

材料 鲜牛奶200毫升，鸡蛋清20克，火腿末、盐、花生油、水淀粉各适量

做法

1.将鲜牛奶盛入碗内，加入鸡蛋清、盐、水淀粉打匀。

2.炒锅放入花生油烧热，将牛奶蛋清投入锅内翻炒，至刚断生，撒上火腿末，装盘即成。

香干炒芹菜

材料 芹菜350克，香干100克，葱花5克，料酒3毫升，盐1克，香油2毫升，植物油适量

做法

1.芹菜择洗干净，切成小丁；香干焯水后，也切成丁。

2.炒锅倒植物油烧热，炒香葱花，下入芹菜丁翻炒几下，再放入香干丁、料酒、盐炒拌均匀，出锅前淋入香油拌匀即可。

肉馅苦瓜

材料 苦瓜100克，猪肉馅、鸡蛋各50克，植物油、面粉、水淀粉、盐、酱油各适量

做法

1.苦瓜洗净切段，去瓤，加冷水煮熟后，去水。

2.猪肉馅剁成泥，加鸡蛋、面粉、水淀粉、盐调成馅，再把肉馅塞入苦瓜段中，用水淀粉封两端。

3.放植物油入锅中热后，放入苦瓜，炸至表面呈淡黄色捞出，竖放在碗里，加入酱油，上笼蒸熟。

4.将蒸苦瓜的原汁倒入油锅烧开，加水淀粉、盐勾芡，苦瓜翻扣盘中浇汁即可。

 南瓜肉丁

材料 瘦肉、南瓜各100克，山楂糕、蛋清各适量，料酒、植物油、盐、酱油、清汤、水淀粉各少许

做法

1.将瘦肉洗净，切成丁，放入碗中，加入水淀粉、蛋清浆好；山楂糕、南瓜均切成丁。

2.锅置火上，放植物油，烧至六成热时，放入肉丁，炸至变白，放入南瓜丁、山楂糕丁，滑油半分钟，捞出，控净油。

3.锅留底油，烧热，放入肉丁、南瓜丁、山楂糕丁、清汤、酱油、盐、料酒、水淀粉，翻炒均匀，至汁芡浓稠即可。

 西红柿烧牛肉

材料 西红柿、牛肉各100克，植物油、葱、姜各少许，盐、清汤各适量

做法

1.将牛肉洗净，切成1厘米见方的块；西红柿切小块。将牛肉放入电饭煲中加水炖30分钟。

2.锅中放植物油烧热，加入葱、姜爆香，放入西红柿翻炒，放入牛肉和清汤，加入盐再煮至肉烂汤浓即可。

 胡萝卜沙拉

材料 胡萝卜50克，葡萄干适量，酸奶50毫升

做法

1.将胡萝卜煮熟，切成小块。

2.将葡萄干切碎，与胡萝卜块一起拌入酸奶即可。

 猪肝卷心菜卷

 材料 猪肝、豆腐、胡萝卜各20克，卷心菜50克，盐、淀粉、猪肉汤各适量

做法

1.将猪肝洗净，用清水浸泡1～2个小时后再洗净，剁成肝泥。

2.将豆腐洗净，切成1厘米见方的小块，用沸水焯一下，捞出过凉，沥干水分研碎。

3.将胡萝卜洗净，切成碎末；卷心菜去老叶、去根洗净，放入开水中煮软，捞出过凉后沥干水分。

4.将肝泥、豆腐块混合，加入胡萝卜末、盐搅匀，做成馅，将馅放在卷心菜上卷起，用淀粉封口后放入猪肉汤中煮熟即可。

 豌豆虾仁炒鸡蛋

 材料 虾仁100克，鲜豌豆20克，鸡蛋120克，植物油、盐、淀粉各适量

做法

1.先把1个鸡蛋打入碗中，留蛋清。再把蛋黄和其余鸡蛋打入另一碗中，加入盐搅拌均匀。

2.将虾仁挑去泥肠洗净、沥干，放入碗中加入淀粉、盐和蛋清搅拌均匀并腌5分钟；鲜豌豆洗净。

3.起锅热植物油，放入虾仁和豌豆炒至半熟盛出。

4.另起锅热油，加入蛋汁炒至半熟，再加入虾仁、豌豆炒匀即成。

贴心·提示 鸡蛋几乎含有人体所需要的所有营养物质，其中丰富的卵磷脂对神经系统和身体的发育有很大的作用。用富含矿物质、维生素的虾仁、新鲜蔬菜与鸡蛋同入菜，兼顾了多方面的营养，适宜宝宝食用。

菠菜炒鸡蛋

材料 菠菜100克，鸡蛋120克，葱丝5克，盐少许，植物油适量

做法

1.将菠菜择去老叶洗净，切成3厘米长的段，用沸水稍烫一下，捞出，沥干水分。

2.鸡蛋打散，将鸡蛋放入油锅中炒熟盛盘。

3.锅中放入植物油烧热后，用葱丝炝锅，然后倒入菠菜，加盐翻炒几下。

4.再将炒熟的鸡蛋倒入，翻炒均匀即可。

鸡丝馄饨

材料 面粉200克，猪瘦肉100克，熟鸡肉丝50克，酱油、香油各少许，盐2克，紫菜、葱末、姜末各5克，清汤适量

做法

1.将面粉加温水和成面团，擀成大薄片，再切成梯形馄饨皮若干片。

2.把猪瘦肉洗净，剁成肉泥，放在碗内加酱油、盐、葱末、姜末、香油搅拌成馅，用馄饨皮包馅，逐个包好。

3.在锅内加水烧开，放入馄饨煮熟后捞出放入碗中，撒上紫菜、熟鸡肉丝，再把烧开的清汤浇到盛馄饨的碗内。

鱼肉蒸糕

材料 鱼肉200克，洋葱25克，蛋清15克，盐适量

做法

1.将鱼肉洗净，切成适当大小，加洋葱、蛋清、盐放入搅拌器搅拌好。

2.把拌好的材料捏成有趣的动物形状，放在锅里蒸10分钟。

 黄瓜炒鸡蛋

材料 黄瓜150克，鸡蛋120克，虾皮、水发木耳各10克，大豆油、盐各少量，葱末少许

做法

1.黄瓜洗净去皮、切片；鸡蛋打散；虾皮温水洗过沥干水分；水发木耳洗净切碎。

2.锅内放大豆油烧热后，倒入蛋液，煎熟后盛出。

3.再起油锅，烧热后下入葱末和虾皮略炒，放入黄瓜片，翻炒两下后，倒入炒好的鸡蛋，加盐，再炒两下即可。

 鸡肉沙拉

材料 鸡肉50克，西蓝花10克，鸡蛋60克，沙拉酱、西红柿酱各适量

做法

1.将鸡肉煮熟切碎；鸡蛋和西蓝花均煮熟切碎。

2.用沙拉酱和西红柿酱配制调味酱。

3.将全部材料倒入调味酱拌匀即可。

贴心·提示 鸡肉富含蛋白质、钙及人体必需的多种氨基酸，能提高免疫能力，而且蛋白质是大脑细胞工作的动力源，可促进大脑正常运转。

 鲜蘑炒豌豆

材料 鲜口蘑100克，鲜嫩豌豆150克，植物油、酱油、盐各适量

做法

1.把鲜嫩豌豆剥好，鲜口蘑洗净，切成小丁。

2.植物油放锅中熬热，把鲜口蘑丁、豌豆、酱油、盐等一同放入，用旺火快炒，炒熟即成。

鸡丝烩菠菜

材料 菠菜100克，鸡胸肉50克，蒜5克，枸杞、盐各少许，植物油、清汤各适量

做法

1.将鸡胸肉切成丝；菠菜洗净，放入热水中焯烫，捞出沥干水，切成段；蒜洗净切片；枸杞泡透。

2.锅内加入植物油烧热，放入蒜片、鸡丝炒香，倒入适量清汤，加入枸杞烧开。

3.再加入菠菜，调入盐，用中火煮透入味即可。

山药小排骨

材料 山药50克，排骨100克，红枣20克，姜片、盐各少许

做法

1.山药去皮切块；排骨洗净后剁成小块。

2.取汤锅放入排骨、红枣、姜片，加水适量煮开后，放入山药块转中火炖煮，加盐少许调味即可。

肉末炒西蓝花

材料 西蓝花50克，肉末20克，植物油适量，盐少许

做法

1.西蓝花洗净后掰成小朵，放入沸水中略炒一下。

2.起油锅，放植物油烧热后放入肉末炒散，然后下入西蓝花，大火烧熟后加盐即可。

 椰香杞果糯米饭

材料 糯米200克，泰国香米100克，杞果250克，椰浆（或炼乳）400毫升，白糖60克

做法

1.将糯米和泰国香米混后洗净；将椰浆和白糖混合后搅拌均匀，倒入米中，浸泡2~4小时。米和水的比例应为1.5~2倍，高火蒸20分钟后，转小火再蒸20分钟。

2.将杞果洗净后，含核横向片下两大块果肉，用刀子或大勺掏出果肉，切成条状备用。

3.取出米饭，稍凉后可盛出，将杞果肉放在米饭上，可以再浇上些许椰浆或炼乳增加风味。

 蒜蒸丝瓜

材料 丝瓜150克，大蒜10克，盐、白糖、淀粉各5克，香油5毫升，植物油适量

做法

1.将丝瓜去皮切块；大蒜切末。

2.炒锅放植物油烧热，下入一半的蒜末炸至金黄，盛出，与另一半没炸的蒜末加盐、白糖、淀粉调匀倒在丝瓜块上。

3.蒸锅中倒入水烧开，放入装丝瓜的盘子，大火蒸6分钟，取出，淋上香油即可。

 红薯小窝头

材料 红薯400克，胡萝卜200克，藕粉100克，白糖适量

做法

1.红薯、胡萝卜洗净后蒸熟，取出放凉后剥皮，挤压成细泥。

2.泥中加藕粉和白糖拌匀，并切小团，揉成小窝头。

3.大火蒸约10分钟后取出，装盘即可。

 乌龙蔬菜面

材料 净鱼肉片50克，乌龙面50克，圆白菜末、西红柿块各少许，盐适量

做法

1.将净鱼肉片放入小锅内焯熟备用。

2.圆白菜末、西红柿块、乌龙面用小火仔细熬烂。

3.将煮好的鱼片去掉鱼刺倒入磨臼内，磨烂，放入乌龙面内即可。

 五仁包子

材料 面粉500克，酵母15克，食碱1克，核桃100克，莲子、瓜子仁各25克，松子仁、花生仁、黑芝麻各50克，白糖、香油各适量

做法

1.将面粉与酵母混合，用温水和好，揉匀，待面团发起，倒入适量食碱，揉匀揉透，搓成一个一个小团子，做成圆皮备用。

2.将核桃、莲子、瓜子仁切碎，和炒好的黑芝麻、松子仁、花生仁、白糖、香油拌匀成馅。

3.圆皮包上馅后，把口捏紧，然后上笼用急火蒸15分钟即可。

 西葫芦蛋饼

材料 西葫芦200克，鸡蛋60克，面粉100克，盐2克，香油5毫升，植物油适量

做法

1.西葫芦洗净后切去两头的硬蒂，对半切开，用擦丝板擦成细丝。调入盐搅拌后，放置10分钟，直到出汤。

2.西葫芦丝内打入鸡蛋搅散，再倒入香油，分几次调入面粉搅拌，直到面糊与西葫芦丝均匀地混合在一起，用勺子盛起呈黏稠状，但还可以缓慢流动。

3.平底锅中倒入少许植物油，加热至七成热时，调成中火，倒入面糊，双面烙成金黄色即可。

2～3岁——合理搭配，均衡营养

饮食营养同步指导

进入幼儿期的宝宝，愿意自己做事，不愿按成年人意见办事，但喜欢模仿别人的动作。心理活动易受外界的影响。

这个时期的宝宝在进食方面，喜欢自己吃饭，用自己固定的碗和勺，并坐在固定的座位上。

3岁前的宝宝对食物花样变化的兴趣并不是特别高，喜欢吃已经习惯了的食物，如每天吃蛋羹、面片、菜粥也不会厌烦；对没吃过的食物持怀疑态度；喜欢菜、饭拌在一起吃；还喜欢吃包子、饺子等带馅食物，特别喜欢自己吃。

因此，对3岁前的宝宝要注意培养良好的膳食习惯，从小给予多种食物，接触各种味道，以免挑食、偏食，不能获得全面均衡的营养。

但是宝宝3岁以后，则要注意经常变换食物的做法和搭配，给宝宝新鲜的感觉，增进宝宝的食欲。

30个月的宝宝，已经能接受稍硬的食物了，咀嚼较硬的食物能促使宝宝的牙齿、舌头、颌骨的发育。

为了让宝宝拥有一双明亮的眼睛，要注意给宝宝准备一些对眼睛有益的食物，如瘦肉、动物内脏、鱼虾、奶类、蛋类、豆类等含有丰富的蛋白质，如胡萝卜、菠菜、青椒、红心白薯以及水果中的橘子、杏、柿子等含有大量的维生素A，可以防止宝宝患夜盲症。

这个时期宝宝的户外活动增加，饮食种类逐渐多样化，因此，对于健康的宝宝来说，就不需要专门补充维生素D和钙剂了。

宝宝饮食宜均衡

宝宝每天膳食都应当搭配适当，这样才有利于身体的营养吸收和利用。

每顿应以主要供热量的粮食作为主食，也应有蛋白质食物供给，作为宝宝生长发育所需的物质。奶、蛋、肉、鱼和豆制品等都富含蛋白质。人体必需的八种氨基酸主要从蛋白质食物中来，各类蛋白质所含氨基酸种类不同，必须互相搭配，摄入的氨基酸才全面。如豆腐拌麻酱，氨基酸可以互相补充，其营养相当于动物瘦肉所提供的营养，这种互相补充叫做蛋白质互补。

蔬菜和水果是提供维生素和矿物质的来源，每顿饭都应有一定数量的蔬菜才能满足身体需要。

平衡膳食的原则

平衡膳食是指选择多种食物经过适当搭配，做出可以满足宝宝对能量及各种营养素需求的膳食。平衡膳食应满足以下条件：

1.一日膳食中的各种营养素应该品种齐全，其中包括蛋白质、脂肪、碳水化合物以及维生素、矿物质和纤维素。

2.各种营养素必须满足宝宝生长发育的需要，不能过多，也不能过少。

3.营养素比例应逐渐适当。对于2～3岁的宝宝，每天的膳食可以选择蛋类、鱼虾类、瘦畜禽肉等100克，米和面等粮谷类作物125～150克，用20～25克植物油烹饪，选用新鲜绿色、红黄色蔬菜和水果各150～200克。

4.食物容易消化吸收。

根据情绪调整宝宝饮食

儿童心理学家认为，食物影响着儿童的精神发育，不健康情绪和行为的产生与食物结构的不合理有着相当密切的关系。比如，吃甜食过多的宝宝易动、爱哭、好发脾气；吃盐过多者反应迟钝、贪睡；缺乏某种维生素者易孤僻、抑郁、表情淡漠；缺钙者则手脚易抽动、夜间磨牙；缺锌者易精神涣散，注意力不集中；缺铁者记忆力差，思维迟钝等。因此，家长应注意观察，及时根据宝宝的情绪调整食物结构，以使上述不良情绪得到减轻或不治而愈。

进餐教养

父母应放手让宝宝自己吃饭，使其尽快掌握这项生活自理技能，也可以为进入幼儿园做准备。尽管宝宝已经学习过拿勺，甚至会使用勺子了，宝宝有时还是愿意用手直接抓饭菜，好像这样吃起来更香。父母应该允许宝宝用手抓取食物，并提供一定的手抓食物，如小包子、馒头、黄瓜条等，提高宝宝自己吃饭的兴趣。

宝宝营养食谱

 绿豆鲜果汤

材料 水蜜桃、菠萝、枇杷各20克，绿豆汤100毫升

 做法

1.水蜜桃、枇杷去皮、去核，切小块；菠萝去皮，切小块。

2.将以上水果小块与绿豆汤一起放入锅中煮沸，放凉即可。

香菇鸡腿汤

材料 鸡腿50克，干香菇4克，盐少许

 做法

1.干香菇泡发后洗净、去蒂，切成片。

2.鸡腿洗净，剁成1.5厘米长的块，用沸水焯一下，去掉血水。

3.把鸡腿、香菇放入锅中，加入适量清水同煮，待肉烂时加入盐即可。

西红柿鱼丸汤

材料 鱼丸200克，西红柿、猪瘦肉各100克，老姜、盐各适量，香菜、鸡粉各少许

 做法

1.西红柿洗净切瓣；猪瘦肉洗净切块；老姜洗净、去皮、拍碎；香菜洗净、切末。

2.起锅烧水，煮沸后放入瘦肉，汆烫除去表面血渍，捞出后用水洗净。

3.砂煲一个，放入西红柿、鱼丸、瘦肉、姜，加入清水，旺火煮沸后转小火煲；煲2个小时后调入盐、鸡粉，撒上香菜末即成。

海带鸭肉汤

材料 水鸭肉300克,水发海带100克,鸡蛋清50克,盐、淀粉各适量,味精、胡椒粉各少许

做法

1.将水鸭肉洗净、切片;水发海带泡洗干净,切片;鸡蛋清加淀粉和少量水,制成蛋清糊。

2.将鸭肉片用蛋清糊上浆后,放入沸水锅内氽烫后捞出备用。

3.起锅加适量水,放海带片,用小火炖30分钟。

4.加入鸭片,加盐、胡椒粉、味精调味,煮沸即成。

菠菜丸子汤

材料 菠菜、瘦猪肉各150克,葱末10克,姜末、酱油、水淀粉、香油各少许,盐、鸡精各适量

做法

1.将菠菜择洗干净,切成4厘米左右的段;将瘦猪肉洗净剁成泥,加少许盐、酱油顺一个方向搅动,再加入水淀粉、葱末、姜末、香油搅匀。

2.将锅置于火上,加适量水,烧开后,改用小火,把调好的猪肉泥制成小丸子下锅,烧熟后,加适量盐。

3.下菠菜段,开锅后淋入香油即可。

紫菜黄瓜汤

材料 紫菜50克,黄瓜150克,盐、酱油、姜末各少许

做法

1.紫菜去杂、洗净,切成段;黄瓜洗净、切片。

2.锅内放适量水烧沸,放入少许盐、酱油、姜末、黄瓜烧沸,除去浮沫,放入紫菜再烧沸即可。

冬笋香菇鱼丸汤

材料 净白鱼肉300克，净冬笋、水发香菇各50克，嫩菠菜200克，鸡蛋清60克，葱、姜各10克，植物油、盐、料酒、胡椒粉各适量，鸡汤1 000毫升，鸡油15克

做法

1.把净冬笋切成薄片；嫩菠菜择洗净；葱和姜捣烂，用料酒取汁。

2.将净白鱼肉用刀背捶剁成细蓉，先用冷汤浸发打散，加入适量的盐和冷汤，用力向一个方向搅动（搅到发亮上劲即取一点放到水中，以浮起水面时为准），然后加入鸡蛋清、鸡油和葱姜酒汁，搅匀成鱼丸料。

3.在锅中放入冷水，将鱼丸料挤成直径2厘米大的丸子，上火烧开煮熟，随即加入冷水（以免肉质不嫩），然后用碗装上。

4.将植物油烧到六成热，下入冬笋片、菠菜，炒熟后装入汤煲内。另外在锅内放入鸡汤、盐，烧开再放入鱼丸，撇去泡沫后装入盛有冬笋和菠菜的汤煲内，撒上胡椒粉，放鸡油即成。

鲢鱼肉丸汤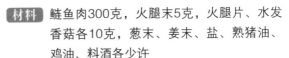

材料 鲢鱼肉300克，火腿末5克，火腿片、水发香菇各10克，葱末、姜末、盐、熟猪油、鸡油、料酒各少许

做法

1.将鲢鱼肉洗净、剁成肉泥，加水、盐少量，放入钵中，顺同方向搅拌至无黏性时，再加水少许拌匀，放置5分钟，加入葱末、姜末、火腿末、料酒、熟猪油，拌匀成茸，用手挤成核桃大小的鱼丸约20颗，入汤锅里烧开。

2.将盐、鸡油放入大汤碗中，加入做鱼丸的原汤，再用漏勺轻轻地将鱼丸盛入汤碗。

3.将火腿片放在鱼丸上面成三角形，水发香菇用做鱼丸的原汤焯熟，放在火腿片摆成的三角形中间，撒上葱段即成。

五彩蔬菜汤

材料 土豆20克，蘑菇、豌豆、芹菜、四季豆各10克，西红柿50克，洋葱40克，橄榄油、盐各适量

做法

1.把所有蔬菜洗净，切成与豌豆同大的丁。

2.在锅中倒入橄榄油，加热后放入洋葱丁炒香，约3分钟后，加入芹菜，搅拌炒香。

3.然后把其他蔬菜丁加入，拌炒2分钟后，加入水，煮约30分钟后，用盐调味即可。

桂圆菠萝汤

材料 菠萝100克，桂圆肉50克，红枣25克，盐少许

做法

1.菠萝取肉切成小块，放入淡盐水中浸泡10分钟；红枣洗净，去核。

2.桂圆肉、菠萝块、红枣放入锅内，加入适量清水。

3.用旺火煮沸后转用微火煮10分钟加盐调味即可。

黄瓜银耳汤

材料 嫩黄瓜100克，泡发的银耳20克，红枣15克，盐少许，植物油适量

做法

1.嫩黄瓜洗净，去籽、皮，切成薄片；泡发的银耳撕成小朵，洗净；红枣用温水泡透备用。

2.锅内加入植物油烧热，加适量清水，用中火烧开，放入银耳、红枣，煮5分钟左右。

3.放入黄瓜片，加盐煮开即可。

茼蒿猪肝鸡蛋汤

材料 茼蒿50克，猪肝20克，鸡蛋60克，盐适量

做法

1.茼蒿洗净备用；猪肝洗净，切薄片备用；鸡蛋打碎搅匀。

2.将锅置于火上，加适量清水，煮滚。

3.放入茼蒿，滚熟后倒入猪肝，待猪肝熟后，放入鸡蛋浆。

4.加入盐调味，将蛋浆搅成蛋花即可。

黄花菜黄豆排骨汤

材料 黄豆20克，排骨50克，红枣、黄花菜各10克，生姜、盐各适量

做法

1.黄豆泡软，清洗干净；黄花菜的头部用剪刀剪去，洗净打结。

2.生姜洗净切片；红枣洗净去核；排骨用清水洗净，放入滚水中烫去血水备用。

3.汤锅中倒入适量清水烧开，放入黄豆、排骨、红枣、黄花菜、生姜。

4.以中小火煲3小时，起锅加盐调味即可。

鸡蛋豆腐

材料 鸡蛋、嫩豆腐各150克，植物油、盐各适量，葱末少许

做法

1.将鸡蛋放入碗内，搅打均匀，加入盐、葱末及嫩豆腐，再搅打均匀。

2.锅放炉火上，放入植物油烧热，加入调好的鸡蛋，炒至鸡蛋凝固即成。

 卤猪肝

材料 猪肝300克，葱段、姜片、淡盐水各少许，香料包（花椒、八角、丁香、小茴香、桂皮、陈皮、草果各适量）

做法

1.将猪肝反复清洗后用淡盐水浸泡30分钟。

2.清水烧沸，加入葱段、姜片，放入猪肝煮3分钟，撇去浮沫，加入香料包，小火慢煮20分钟，食时切片即可。

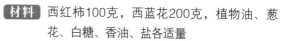 清炒西蓝花西红柿

材料 西红柿100克，西蓝花200克，植物油、葱花、白糖、香油、盐各适量

做法

1.将西蓝花洗净，掰成小朵，放入开水锅中氽烫后，切成小块；西红柿洗净，放入开水锅中氽烫后，去皮，切成半月状。

2.锅置火上，放植物油，烧五六分热，放入葱花爆香，放入西红柿炒1分钟左右。

3.再放入西蓝花，加入适量盐、香油、白糖，略炒即可。

 五彩黄鱼羹

材料 小黄鱼200克，西芹、胡萝卜、炒松子仁、鲜香菇各50克，植物油、葱、姜、盐、料酒、水淀粉、胡椒粉、香油各适量

做法

1.小黄鱼洗净，去骨，切丁；西芹、胡萝卜、鲜香菇分别洗净，切丝。

2.锅置火上，烧热放植物油，放入葱、姜煸炒出香味后，加入适量开水，放入西芹、胡萝卜、香菇、炒松子仁和小黄鱼，烧至鱼熟。

3.加入盐、料酒、胡椒粉调味，用水淀粉勾芡，淋上少许香油即可。

油煎带鱼

材料 鲜带鱼500克，鸡蛋100克，盐、黄酒、植物油、面粉各适量

做法

1.鲜带鱼清洗干净，然后切成5厘米长的段，加盐、黄酒拌匀，稍腌一会。

2.鸡蛋磕入碗内，加少量盐搅拌均匀。

3.锅置火上，放植物油烧热，将带鱼段蘸一层面粉，再挂上鸡蛋液。

4.把挂上鸡蛋液的带鱼段，放入热油锅中煎至两面金黄色即成。

炸香椿芽

材料 香椿芽100克，面粉50克，鸡蛋60克，玉米粉少许，盐、泡打粉、花生油各适量

做法

1.将香椿芽洗净，用盐腌一下，沥去水分；把鸡蛋打碎，蛋液放在容器中，加入面粉、玉米粉、泡打粉、花生油，调成稀面糊，再将香椿芽倒入容器中。

2.锅中放入花生油，置火上，烧至五成热，将香椿芽一根根挂好糊，下油锅炸，炸至鼓起时捞出。

3.再将油烧至七成热，将炸好的全部香椿芽倒入油锅，拨散，翻转炸至金黄色时，捞出即可。

蜇头木耳

材料 水发蜇头100克，水发木耳20克，青蒜5克，酱油、醋、香油各适量

做法

1.将水发蜇头洗净泥沙，切成5厘米长的丝，下开水中汆一下，捞出；水发木耳切成丝入开水中烫一下，在凉开水中过凉、捞出；青蒜去杂洗净，切成小条。

2.将蜇头、木耳、青蒜掺在一起，浇上酱油、醋、香油，拌匀即可。

糖醋萝卜

材料 萝卜50克，白糖、醋、香油各适量

做法

1.将萝卜去杂洗净，沥干水，切成细丝。

2.将萝卜丝放入盘内，加入白糖、醋、香油，拌匀即可。

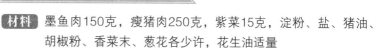

紫菜墨鱼丸汤

材料 墨鱼肉150克，瘦猪肉250克，紫菜15克，淀粉、盐、猪油、胡椒粉、香菜末、葱花各少许，花生油适量

做法

1.紫菜洗净用清水泡发；墨鱼肉和瘦猪肉分别洗净，均剁成肉泥，加淀粉、盐、猪油拌匀成鱼蓉馅料，做成丸子。

2.锅内放花生油烧开至六七成热，下丸子炸至金黄色，捞出沥去油。

3.锅内放清水烧开，放入鱼丸、紫菜烧开后，改用小火煨10分钟，撒入葱花、胡椒粉、香菜末即可。

紫菜蛋卷

材料 鸡蛋50克，菠菜、紫菜各20克，盐、酱油、植物油各适量

做法

1.将菠菜去老叶、去根洗净，放入沸水中焯一下，捞出沥干水分，洒上酱油腌10分钟后再挤干。

2.将紫菜用水泡开后，捞出沥干水分备用。

3.将鸡蛋打入碗内调匀后，加入盐搅匀。

4.平底锅烧热放入少许植物油，烧至三四成热，放入鸡蛋液摊成薄片取出，再把紫菜和菠菜放在蛋片上卷起，切成小卷。

鲜蘑炒腐竹

材料 鲜蘑菇、水发腐竹各100克，黄瓜60克，植物油、葱、姜、盐、味精各适量

做法

1.鲜蘑菇洗净切片，水发腐竹切段，黄瓜洗净切片，待用。

2.锅入植物油，烧至七成熟，加入葱、姜煸香，加入腐竹、黄瓜、蘑菇炒熟，加盐、味精调味即成。

香蕉鸡蛋卷

材料 香蕉100克，鸡蛋50克，山核桃90克，西红柿酱15克，植物油适量

做法

1.将山核桃仁取出，放在菜板上用刀稍压碎；香蕉去皮，用刀压扁备用；鸡蛋打碎搅散备用。

2.取一半山核桃仁撒在香蕉上，用刀压一下，使核桃仁嵌入香蕉里；将香蕉翻面，嵌入另一半的核桃仁。

3.锅内加少许植物油烧热，倒入蛋液摊成蛋皮，再将香蕉放蛋皮上。

4.用蛋皮将香蕉卷起，将蛋卷两端往里抄好，装入盘中，加上西红柿酱即可。

爆炒羊肝

材料 羊肝200克，淀粉10克，葱段、姜片各少许，植物油、盐各适量

做法

1.羊肝除去筋膜，切成片，用淀粉拌匀。

2.锅内倒入植物油，油热后下入葱段、姜片爆香，倒入羊肝翻炒。

3.加入盐调味即可。

丝瓜炒鸡蛋

材料 丝瓜100克，鸡蛋50克，葱末、姜末、植物油、盐、鸡精各适量

做法

1.将丝瓜去皮洗净，切成滚刀块；鸡蛋磕入碗中，加入少许盐打散搅匀。

2.炒锅置旺火上，加入植物油，烧至五成热时放入鸡蛋炒熟出锅。

3.炒锅另加入油，烧热后放入葱、姜末炝锅，再放入丝瓜略炒几下，放入盐、鸡精、熟鸡蛋，翻匀即可。

芹菜豆腐干

材料 芹菜100克，豆腐干50克，葱、姜各少许，植物油、黄豆芽汤、盐、酱油、水淀粉各适量

做法

1.芹菜择去叶，洗净，切成小段；豆腐干切成薄片。

2.芹菜、豆腐干放入沸水锅中焯烫透，捞出，沥干水。

3.锅置火上，放植物油烧热，放入葱、姜炝锅，加入酱油，放入豆腐干、芹菜煸炒几下，再加入盐、黄豆芽汤略煨一下，用水淀粉勾芡即可。

香菇炒菜花

材料 菜花100克，干香菇4克，葱丝、姜片各少许，鸡汤300毫升，盐、植物油、鸡精各适量

做法

1.干香菇用温水泡发，洗净；菜花洗净，切成小块，放到沸水锅中焯烫一下捞出，沥干水备用。

2.锅内加入植物油烧热，放入葱丝、姜片爆香，加入鸡汤、盐、鸡精烧开。

3.捞出葱、姜，放入香菇、菜花，用小火煨至入味即可。

绿豆芽烩三丝

材料 绿豆芽15克，瘦猪肉25克，胡萝卜10克，
豆腐干20克，高汤500毫升，植物油、
盐、淀粉各适量

做法

1.瘦猪肉、胡萝卜和豆腐干切成丝，瘦猪肉用适量
盐、淀粉拌匀备用。

2.旺火下植物油，将瘦猪肉放入锅内炒至半熟，加
入高汤，加入绿豆芽、胡萝卜和豆腐干丝，煮沸2
分钟即可。

嫩菱炒鸡丁

材料 鸡胸肉300克，嫩菱角100克，鸡蛋清20
克，植物油、红椒、姜末、葱末、水淀粉、
盐各适量

做法

1.鸡胸肉切成丁后加入盐、鸡蛋清和水淀粉抓匀待
用。

2.嫩菱角去壳后切成丁，入开水锅中焯一下捞出；
红椒切成丁。

3.放植物油入锅中稍热，下鸡胸肉滑散，加入葱末、
姜末炒一下，再加入红椒煸炒片刻，后加入菱角翻
炒，同时加入少许盐，撒上水淀粉，片刻即可。

糖醋里脊

材料 猪里脊肉100克，葱、植物油、盐、酱油、水淀粉、干淀粉、
醋、白糖各适量

做法

1.将猪里脊肉拍松切成菱形块，用盐腌一下，再加少许水淀粉拌匀，
滚上干淀粉，放入植物油锅中炸至金黄捞出沥干油。

2.将葱切成小段，用热油炒几下，随即加入盐、白糖、醋、酱油，用
水淀粉勾芡即可。

小米蒸排骨

材料 猪排骨150克,小米20克,甜面酱、盐、冰糖各适量,鸡精、葱、姜各少许

做法

1.小米淘洗干净后用水浸泡20分钟左右;猪排骨洗净,剁成4厘米长段备用;冰糖研碎;姜切末;葱切成葱花备用。

2.将排骨加甜面酱、冰糖、盐、鸡精、姜末拌匀,装入蒸碗内,在上面撒上小米,上笼用大火蒸熟。

3.取出扣入圆盘内,撒上葱花即可。

清炒山药

材料 山药100克,葱、枸杞各少许,植物油、盐、鸡精各适量

做法

1.山药去皮,切成0.5厘米厚的菱形片,用开水焯后捞出来沥干水分。

2.葱只取嫩叶,洗净,切成葱花;枸杞用清水泡软备用。

3.锅内加入植物油烧热,放入山药片,中火炒熟后,加入盐、鸡精、葱花、枸杞,翻炒均匀后即可。

榨菜蒸牛肉片

材料 牛肉(肥瘦各一半)100克,榨菜20克,酱油10毫升,淀粉各少许,植物油适量

做法

1.牛肉洗净,切片备用;将榨菜切成碎末备用。

2.将牛肉片放入碗中,加入酱油、淀粉、植物油及10毫升凉开水,搅拌均匀,腌渍10分钟左右。

3.将榨菜末拌入牛肉片中。

4.蒸锅加水烧开,将盛牛肉片的碗放入笼屉中,蒸15分钟左右即可。

水炒蛋三明治

材料 方面包4片，鸡蛋50克，花生酱、奶油、盐各适量

做法

1. 将2片方面包抹上少许奶油、花生酱。

2. 鸡蛋加入少许盐打散。

3. 烧热锅（不要下油），放下2汤匙水烧滚，调慢火，倒入鸡蛋炒熟，铲起放在面包上，盖上另2片面包，切去边，再切成4个三角形，便成水炒蛋三明治。

三鲜豆腐

材料 豆腐、蘑菇各50克，胡萝卜、油菜各10克，海米5克，姜末、葱丝各少许，植物油、鸡精、盐、水淀粉、高汤各适量

做法

1. 将海米用温水泡发，洗净泥沙备用；豆腐洗净切片，投入沸水中焯一下捞出，沥干备用；蘑菇洗净，放到开水里焯烫一下，捞出切片。

2. 胡萝卜洗净切片；油菜洗净，沥干水备用。

3. 锅内加入植物油烧热，放入海米、葱丝、姜末、胡萝卜煸炒出香味，加入盐、蘑菇，翻炒几下，加入高汤。

4. 放入豆腐，烧开，加油菜、鸡精，烧开后用水淀粉勾芡即可。

海带炖鸡

材料 水发海带20克，鸡肉50克，葱、姜、料酒、盐各适量

做法

1. 鸡肉洗净，剁成小块；水发海带洗净，切成小块。

2. 锅置火上，加适量清水，放入鸡块，烧开后去浮沫，放入葱、姜、料酒、海带，烧开后改用小火。

3. 炖至鸡肉熟烂时加盐，烧至鸡肉入味，出锅装汤盘即可。

豆芽炒猪肝

材料 豆芽100克，猪肝20克，姜片、植物油、盐、酱油、醋、料酒、鸡精各适量

做法

1.将豆芽洗净，用沸水焯烫后，捞出来沥干水备用；将猪肝洗净，剔去筋膜，放入锅中煮熟，取出晾凉，切成薄片备用；姜片切丝备用。

2.锅内加入植物油烧热，放入姜丝爆香，倒入豆芽，大火翻炒几下，烹入适量醋后炒匀，盛入盘中。

3.另起锅加入植物油烧热后，倒入肝片，迅速炒散，加入酱油、料酒，翻炒几下后将炒好的豆芽倒入锅内，加入鸡精、盐，翻炒均匀即可。

香菇烧面筋

材料 油面筋150克，鲜香菇、竹笋、油菜各20克，酱油10毫升，水淀粉10克，料酒少许，植物油、鸡精、盐各适量

做法

1.把油面筋洗净切成方块；鲜香菇洗净后从中间切开成两片；油菜洗净备用。

2.将锅置于火上，加入适量清水烧沸，放入竹笋焯烫片刻，捞出沥干，切片备用。

3.另起锅加入植物油烧热，放入香菇、笋片、油菜，烹入料酒，加入酱油、盐煸炒片刻，然后加入一大杯水，倒入油面筋继续煮。

4.加入鸡精炒匀，用水淀粉勾芡即可。

酱肉四季豆

材料 四季豆50克，牛肉30克，胡萝卜20克，姜、醪糟各适量，植物油、淀粉、香油、盐各少许

做法

1.牛肉洗净，切成0.5厘米左右粗细的丝，放入碗中，加入醪糟、淀粉，搅拌均匀，腌10分钟左右；将四季豆洗净，斜切成丝备用；将胡萝卜和姜洗净去皮，切丝备用。

2.锅内加入植物油烧热，加入姜丝爆香，再加入腌好的牛肉丝，大火翻炒几下，盛出备用。

3.锅中留少许底油烧热，依次加入四季豆、胡萝卜丝，用中火炒匀。

4.加入适量清水，小火焖煮至豆熟后将牛肉丝倒入拌匀，加入盐，淋上香油即可。

苦瓜炒蛋

材料 鸡蛋100克，苦瓜150克，植物油、盐各适量

做法

1.将苦瓜剖开去籽，切成小片，用淡盐水浸泡30分钟，捞出后冲洗干净，沥干水备用。

2.将鸡蛋洗净，打入碗内搅匀。

3.锅内加入植物油烧热，倒入蛋液炒出蛋花，盛出备用。

4.锅内重新加油烧热，放入苦瓜、盐，翻炒至八分熟，倒入鸡蛋，翻炒均匀即可。

贴心·提示 做苦瓜时要用热水余烫一下，这样可以减轻苦味，孩子也会比较爱吃。

凉拌圆白菜

材料 圆白菜150克，黄瓜50克，盐、香油各少许

做法

1.将圆白菜洗净，切成细丝，用开水烫一下，晾凉，沥干水；黄瓜洗净，切成细丝。

2.将圆白菜丝、黄瓜丝放入盘内，加入香油、盐，拌匀即可。

苦瓜炒肉丝

材料 苦瓜150克，瘦猪肉100克，植物油适量，盐少许

做法

1.将瘦猪肉洗净切丝；苦瓜洗净，剖开去籽，用少许盐腌10分钟，再洗净切条。

2.起锅烧热植物油，放入肉丝、苦瓜，用中火不停翻炒。

3.加盐调味，翻炒均匀即成。

海带炒肉丝

材料 瘦猪肉50克，水发海带25克，植物油、葱末、姜末、酱油、盐各少许

做法

1.将水发海带洗净，切成细丝，放入锅中蒸15分钟，待海带软烂后，取出待用。

2.瘦猪肉洗净，切成丝。

3.锅置火上，放植物油烧热，放入肉丝，用大火煸炒1～2分钟，加入葱末、姜末、酱油搅拌均匀，放入海带丝和适量清水（以漫过海带为度），加入盐，用大火炒1～2分钟，出锅即可。

香拌土豆丝

材料 土豆50克，葱丝、姜丝各少许，植物油、醋、盐各适量

做法

1.将土豆去皮，切丝，放入凉水中浸泡。

2.炒锅置火上，放植物油烧至四成热，加入葱丝、姜丝炝锅，烹入醋，加入土豆丝翻炒几下，放盐和少量水继续翻炒，均匀后即可。

凉拌芹菜腐竹

材料 芹菜50克，水发腐竹20克，盐、香油各少许

做法

1.芹菜洗净，切丝；水发腐竹用温水浸泡，切丝。

2.将芹菜与腐竹分别用开水焯烫，用凉水过凉，沥干水。

3.将以上芹菜和腐竹放入盘内，加入盐、香油拌匀即可。

鸡汤炒芦笋

材料 芦笋100克，百合20克，枸杞、姜片各少许，鸡汤100毫升，水淀粉、盐、植物油各适量

做法

1.用清水将枸杞浸泡软后洗净备用；姜片洗净切丝备用；芦笋削去粗皮洗净，切段。

2.锅内加入植物油烧热，放入姜丝爆香，再放入芦笋煸炒1分钟左右，倒入百合，马上调入盐翻炒几下即倒出装盘。

3.将锅置于火上，倒入鸡汤、枸杞，大火煮开后，调成小火，用水淀粉勾芡，最后将芡汁淋到芦笋百合上即可。

 香椿拌豆腐

材料 豆腐100克，鲜香椿50克，盐、香油各适量

做法

1.豆腐洗净，入沸水焯烫，捞出沥干，切条；鲜香椿入沸水焯烫，捞出用凉开水浸凉，切成细末。

2.把豆腐条放入盆中，撒上盐，略腌片刻，将渗出的水沥干。

3.把香椿末撒在豆腐条上，淋上香油，拌匀即成。

 炝炒紫甘蓝

材料 紫甘蓝100克，海米10克，葱、姜、植物油、盐、鸡精各适量

做法

1.将紫甘蓝择洗干净，撕成小片，投入沸水中焯烫2分钟，捞出来沥干水。将海米用温水泡发，洗净备用；葱、姜洗净，切成末备用。

2.锅内加入植物油烧热，放入葱、姜末，炒出香味，再依次加入紫甘蓝、海米，大火快炒几下后加入盐、鸡精炒匀即可。

 茼蒿炒肉丝

材料 茼蒿100克，猪肉30克，植物油、盐、酱油、葱丝、姜片各适量

做法

1.猪肉洗净，切成细丝；茼蒿去老茎，洗净切小段。

2.炒锅放植物油烧热，放肉丝煸炒至水干，加入酱油再炒，然后加入盐、葱丝、姜片煸炒至肉片熟烂。

3.放入茼蒿继续煸炒至熟，即可。

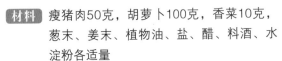

 胡萝卜炒肉丝

材料 瘦猪肉50克，胡萝卜100克，香菜10克，葱末、姜末、植物油、盐、醋、料酒、水淀粉各适量

做法

1.将瘦猪肉剔去筋，洗净，切成丝，放入盆内，加入水淀粉和少许盐上浆，用热锅温油滑开，捞出。

2.胡萝卜洗净，切成丝；香菜洗净，切段。

3.炒锅置火上，放植物油烧热，放入葱、姜末炝锅，放入胡萝卜丝煸炒断生，加入肉丝搅拌均匀，再加入盐、醋、料酒，炒熟后加入香菜，搅匀出锅即可。

 鸡蛋蔬菜沙拉

材料 西红柿100克，鸡蛋50克，红甜椒150克，芹菜叶、盐、白醋各少许

做法

1.西红柿洗净切片；鸡蛋入锅内，煮熟后捞出冲凉，去壳切片。

2.将红甜椒、芹菜叶均洗净，切成碎末，并加盐、白醋及少许凉开水调制成沙拉酱。

3.在每2片西红柿间，夹1片鸡蛋片，整齐地码在盘内。

4.浇上调制好的沙拉酱即成。

 焖扁豆

材料 扁豆200克，蒜末、姜末各少许，植物油、甜面酱、盐各适量

做法

1.将扁豆两边老筋撕去，洗净，切成细丝。

2.炒锅置火上，放植物油烧热，放入扁豆丝略炒，随即加入适量清水、甜面酱、盐，炒匀，用小火焖软，加入蒜末、姜末，用大火快炒至入味，即可出锅。

菜花炒肉

材料 菜花150克，瘦猪肉30克，植物油、葱末、姜末、水淀粉、盐各适量

做法

1.将瘦猪肉洗净，切片，放入盘内，加入水淀粉、盐拌匀上浆；菜花切成小瓣，用开水烫一下去其味。

2.锅置火上，放植物油烧热，放入猪肉，滑散，捞出，控干油。

3.炒锅置火上，放油烧热，放入葱、姜末炝锅，放入菜花、肉片翻炒几下，加入适量清水，烧开后加入盐搅匀，用水淀粉勾芡即可。

肉末豆角

材料 肉末、豆角各50克，植物油、葱末、姜末各少许，盐、料酒各适量

做法

1.豆角洗净后切小段；肉末加料酒、葱末、姜末搅拌均匀。

2.放植物油入锅烧热后，下入肉末炒散。

3.加入切好的豆角段，煸炒几下，加少许水焖煮一会儿，加盐调味即可。

莴笋炒香菇

材料 莴笋250克，水发香菇30克，植物油、白糖、盐、酱油、胡椒粉、水淀粉各适量

做法

1.将莴笋去皮，洗净，切片；水发香菇去蒂，洗净，切片。

2.锅置火上，放植物油烧热，放入莴笋片和香菇片，煸炒几下，加入酱油、盐、白糖，炒至入味后放入胡椒粉，用水淀粉勾芡，翻几下，出锅即可。

五花肉烧土豆

材料 带皮五花肉100克，土豆50克，葱、姜、酱油各少许，植物油、盐、白糖、料酒各适量

做法

1.将带皮五花肉洗净，切成3厘米见方的块；土豆去皮、洗净、斜切块；葱切段、姜切片备用。

2.锅内加入植物油烧至六成热，放入土豆，炸至表面呈金黄色，捞出控油。

3.锅中留少许底油，烧至八成热，放入肉块翻炒，至肉色变白，加入酱油、白糖，翻炒至肉块裹满酱汁。

4.加入料酒、葱、姜，加水（以刚没过肉为宜），先用大火烧开，再用小火炖至八成熟。

5.拣出葱段和姜片，加入土豆块和少许盐，用小火烧至熟烂，加少许盐炒匀即可。

蘑菇什锦包

材料 鲜蘑100克，胡萝卜150克，香菇、荸荠、冬笋、腐竹、黄瓜各50克，木耳25克，面粉500克，花生油100毫升，香油25毫升，姜末、料酒、白糖、盐、碱水各适量

做法

1.黄瓜、胡萝卜洗净切成丝。鲜蘑、冬笋洗净切成片，放入开水锅中余一下捞出，挤干水分，剁碎。

2.荸荠去皮，洗净，切成丁。木耳、香菇用温水泡好后剁碎，腐竹浸泡后剁碎。

3.腐竹、冬笋、鲜蘑、胡萝卜、荸荠、木耳、香菇一起放入盆内，加入花生油、香油、料酒、白糖、姜末、盐搅拌均匀，临包时再放入黄瓜丝拌匀。

4.面发好后加入碱水和白糖揉透，揪20个面团，按扁，擀成面皮，包成包子，用旺火蒸10分钟即熟。

 土豆鸡蛋卷

材料 鸡蛋30克，土豆40克，牛奶10毫升，植物油适量，黄油、盐、香菜末各少许

做法

1. 将土豆煮熟之后捣碎成泥，并用牛奶、黄油拌匀，鸡蛋打散搅匀。
2. 平底锅烧热放植物油，把调好的鸡蛋糊煎成鸡蛋饼。
3. 把捣碎的土豆泥放在上面，将土豆泥贴在鸡蛋饼上卷好。
4. 在上面放少量的香菜末作装饰。

 粉丝白菜氽丸子

材料 肉末150克，大白菜100克，粉丝20克，高汤800毫升，植物油、盐、姜末、淀粉、虾米、葱各适量，香油少许

做法

1. 将虾米洗净切碎；肉末再剁细，加入姜末、盐、淀粉、虾米，调成馅料，用手挤成丸子备用。
2. 将大白菜、葱洗净、切丝；粉丝泡软切成两段。
3. 锅内放植物油，待油热时下白菜，将其炒软，加入高汤旺火煮开。
4. 放入肉丸，改小火煮至肉丸浮起，加入粉丝并加盐调味后熄火，撒葱丝、淋香油即成。

 煎红薯

材料 红薯250克，黄油20克，蜂蜜25克，熟芝麻10克

做法

1. 将红薯洗净、去皮，放开水中煮软捞出，控去水分，切成圆片待用。
2. 在平底锅内放入黄油，溶化后，下入切好的红薯片，煎至两面发黄为止，盛出后放入小盘内，浇上蜂蜜，撒上熟芝麻即可。

 奶油肉丸

材料 牛肉、面粉各100克，胡萝卜、洋葱各50克，盐少许，奶油20克

做法

1.将牛肉、胡萝卜、洋葱磨碎并搅拌在一起，揉成小丸子并裹上面粉。

2.加水、奶油煮沸，放入丸子。

3.煮熟后加适量的盐调味。

 小米什锦粥

材料 小米100克，大米50克，红枣25克，绿豆、花生米、葡萄干各10克

做法

1.绿豆淘洗干净，浸泡半小时；小米、大米、花生米、红枣、葡萄干分别淘洗干净备用。

2.将锅置于火上，倒入绿豆，加适量清水，煮至七成熟。

3.倒入2碗开水，加入大米、小米、花生米、红枣、葡萄干，搅拌均匀，用大火烧开后，改用小火煮至熟烂即可。

 卤肉饭

材料 干香菇4克，五花肉50克，软饭100克，洋葱末、植物油、料酒、酱油、白糖各适量

做法

1.干香菇泡软，切小块备用；五花肉洗净，剁成肉馅。

2.植物油放锅中烧热，爆炒洋葱末，加香菇和肉馅炒至半熟，加入料酒、酱油、白糖和水，用小火焖煮1小时即为卤肉料。

3.将卤肉汁浇在软饭上即可。

炒面

材料 面条100克，鸡胸肉20克，油菜15克，葱花、姜丝、盐、花生油各适量

做法

1.将鸡胸肉洗净，切成细丝；油菜洗净，切成丝。

2.面条用开水煮至八成熟，盛出放凉。

3.将鸡丝用热油滑熟，另置炒锅内加花生油烧热，下入葱花、姜丝爆锅，再加入面条、鸡丝、油菜丝一同炒匀，加入盐调味即可。

香菇肉馅馄饨

材料 瘦猪肉50克，干香菇4克，韭菜少许，肉汤600毫升，馄饨皮、酱油各适量

做法

1.瘦猪肉切碎；泡开的干香菇、韭菜除去水分，切碎。

2.将瘦猪肉和韭菜、香菇混合，拌成馅，并用馄饨皮包好。

3.锅置火上，倒入肉汤，烧开，放入馄饨，加入酱油，煮熟即可。

芝麻山药麦饼

材料 全麦面粉150克，燕麦片、山药各100克，黑芝麻粒15克，花生油、盐少许

做法

1.山药去皮、切块捣成泥，加入黑芝麻粒、燕麦片、盐，搅拌均匀。

2.加上全麦面粉和水充分揉合后，分成数个小面饼团。

3.在面饼表面薄薄抹上一层花生油，用电锅蒸熟即可。

 香米包

材料 香米面、猪肉各200克，面粉400克，酵母20克，奶油、海米、小茴香各50克，酱油、生油、香油、葱末、姜末、盐、味精各适量

做法

1.将小茴香洗净，切碎后挤去水分，用生油搅拌均匀。

2.将猪肉切丁，加葱末、姜末、盐、味精、酱油搅拌入味，再加入小茴香、海米、香油、味精搅拌均匀，制成馅料。

3.香米面、面粉以1∶1的比例混合，加奶油、酵母搅拌均匀，加温水和成面团，盖湿布饧发。

4.取饧发好的面团搓条，下剂，擀皮，包入馅料，制成包子生坯。

5.待包子生坯饧发后上笼用旺火蒸熟即成。

 青椒蛋饼

材料 鸡蛋100克，青椒30克，洋葱10克，松花蛋60克，葱花、盐、植物油各适量

做法

1.将青椒洗净，切成丝；松花蛋剥壳，切成丁；洋葱洗净，切丁；鸡蛋磕入碗中，搅成蛋液后放入青椒丝与松花蛋丁，再加入盐，搅拌均匀。

2.锅置火上，放植物油烧热，放入洋葱炒香，加入盐炒香取出，装入两个小盘中作调味碟。

3.锅置火上，烧热放油，边搅拌边倒入鸡蛋液，用小火煎至凝固时，再不断晃动锅，使蛋饼煎至两面呈金黄色，撒上葱花，即可出锅，装盘，随调味碟上桌即可。

贴心·提示 妈妈要注意火候，不要把饼煎煳。

第三章 4～6岁 聪明宝宝营养餐

4～6岁宝宝的营养饮食

4岁的宝宝大多已上幼儿园，每天会有一定的户外活动和室内游戏，所需热量可达1 400～1 700千卡。在保证热量摄取充足的同时要注意饮食平衡，家中的饮食要同幼儿园的供餐配合，互相补充，使花色品种多样化，荤素菜搭配、粗细粮交替。

4～6岁宝宝所需的营养

蛋白质

蛋白质是人体组织形成的重要物质基础。此时的孩子每日每千克体重需蛋白质25克，并且应注意质量。高质量的蛋白质不但易于消化，而且只需少量即可。

牛奶、鸡蛋等食物中含有大量的优质蛋白质，最好每天都食用一些，同时还可再吃些鱼、肉、豆类等。

脂肪

脂肪是人体所必需的重要能源。幼儿期是髓鞘形成期，因此特别

需要脂肪酸。有些人认为油脂类不易消化，易引起腹泻，因而不敢多给孩子吃。其实，如果脂肪吃得太少，容易导致热量不足，就只能依靠糖类来补充。这样则会因吃甜食过多而引起偏食、蛀牙等不良后果。因此，孩子不仅要吃动物油，还要多吃植物油，也可将花生酱、芝麻酱等加入孩子的饮食中，以保证足够的能量供应。

维生素

维生素对身体组织机能的调节起着重要的作用，如果缺乏人体所必需的维生素就会产生各种病症。因此，正处在生长期的孩子多吃些水果、蔬菜、海产品、乳制品、蛋、动物肝脏等是很有必要的。

孩子的早餐很重要

父母一定不要轻视孩子的早餐，一定要让宝宝定时、定量地吃，因此父母每天要给孩子规定起床时间，并及时准备好早餐。

补充水分很重要

经过一夜的代谢，宝宝体内会有许多废物等待排出，而且身体中的水分流失也很多。早上起床后喝200毫升温开水可以滋润内脏，促进废物排出，防止便秘和结石的发生。温

喝水

开水可以快速被人体吸收，排出废物的效果也最好。

早上喝牛奶也很重要，牛奶可为宝宝提供丰富的蛋白质、维生素以及水分。有的孩子不能喝牛奶，可以用豆浆、豆奶等代替。

淀粉和蛋白质

如果光吃淀粉类食品的话，当时虽然饱了，但由于淀粉容易消化，刚过2小时就会感到饥饿，使大脑的能量供应不足。

所以，早餐应当进食一些含有蛋白质和脂肪的食品，如牛奶、鸡蛋、肉类、豆制品等。由于脂肪具有降低胃蠕动的作用，因此能让食物在胃里停留更长的时间，能帮助孩子支撑到午饭时间。

蔬菜和水果

可以适当给孩子添加水果和蔬菜。但由于早上做饭时间紧迫，削苹果也不便，可以吃橘子、草莓、西红柿等既富含维生素C、吃起来又简单的蔬菜和水果。蔬菜和水果里面的维生素C和有机酸会让宝宝感到精神振作，最好是在喝过水和牛奶之后、早餐开始之前就吃。如果早餐吃汤面的话，可在汤里加点绿菜叶。

不要用剩饭菜做早餐

由于剩饭菜隔夜后，蔬菜可能产生亚硝酸盐（一种致癌物质），吃进去会对人体健康产生危害。所以，吃剩的蔬菜尽量别再吃了，特别是不要给孩子吃。

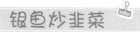 健康菜品

银鱼炒韭菜

材料 银鱼100克，鸡蛋120克，韭菜5克，姜片、植物油、盐、酱油各适量

做法

1.起锅放水烧开，把银鱼入沸水焯烫，捞出沥干。

2.将韭菜切末；鸡蛋打散、搅匀。

3.将银鱼、韭菜放入碗中，加盐、姜片、酱油搅拌均匀腌渍片刻。

4.另起锅加热植物油，倒入蛋液，加入已腌拌的银鱼和韭菜炒熟即成。

清蒸三文鱼

材料 净三文鱼150克，青椒30克，葱、姜各适量，料酒、西红柿酱、盐各少许

做法

1.将净三文鱼去骨，切块，用刀剖十字花刀，花刀的深度为鱼肉的2/3；青椒洗净，切丝。

2.将三文鱼放入锅中，加入青椒、葱、姜、料酒、盐和适量水，清蒸至熟透，端出淋上西红柿酱即可。

清炒莴笋丝

材料 莴笋100克，植物油、盐、鸡精各适量

做法

1.莴笋去皮和叶后洗净，切成细丝。

2.锅内加入植物油烧热，倒入莴笋丝，大火快炒片刻。

3.最后加盐和鸡精调味，翻炒几下即可。

 肉末豆腐

【材料】 嫩豆腐100克，牛肉末40克，香菇20克，葱、姜各少许，橄榄油5毫升，植物油、酱油、白糖、盐、高汤各适量

【做法】

1.嫩豆腐切小块，香菇洗净切小丁，葱、姜洗净切末。
2.牛肉末用酱油、姜末、橄榄油拌匀腌制片刻。
3.锅中放入植物油，烧至七成热，放入葱末煸香，倒入腌好的牛肉末炒至变色，加香菇丁翻炒，倒入酱油、盐、白糖，加入适量高汤煮开。
4.再加入豆腐煮开，收干汤汁后即可。

 脆皮冬瓜

【材料】 冬瓜50克，面粉、淀粉各20克，盐、白糖各5克，鸡精少许，植物油适量

【做法】

1.将冬瓜去皮、洗净切成长条，放入沸水中焯烫至熟，捞出来控干水。
2.将面粉、淀粉、盐、鸡精、白糖一起放到碗里，加适量水调成浆，静置10分钟后下入冬瓜条，为冬瓜上浆。
3.锅内加入植物油烧热，放入冬瓜，炸至金黄酥脆即可。

 珍珠丸子

【材料】 瘦猪肉50克，糯米25克，料酒、姜末、盐、鸡精各适量

【做法】

1.将糯米洗净，放温水中泡约1小时，捞出，备用。
2.将瘦猪肉剁碎，加入盐、料酒、姜末、鸡精及适量水，用力搅拌，制成肉丸。
3.将每个丸子的外面裹上一层糯米，置盘中，上蒸锅蒸熟即可。

奶油豆腐

材料 豆腐100克，奶油20克，白糖少许

做法

1.将豆腐切成小块。

2.锅置火上，放入豆腐与奶油，加入适量清水同煮。

3.煮熟之后盛入碗中，加入白糖调味即可。

蜜烧红薯

材料 红薯100克，红枣25克，蜂蜜5克，冰糖20克，植物油适量

做法

1.将红薯洗净，削去皮，削成鸽蛋大小的丸子；红枣用温水泡发，洗净去核，切成碎末。

2.锅内加入植物油烧热，放入红薯丸子炸熟，捞出来控干油。

3.另起锅加清水，大火烧开，加入冰糖熬化，下入过油的红薯，小火煮至汤汁浓稠。

4.加入蜂蜜，撒入红枣末，搅拌均匀，再煮5分钟即可。

肉末茄子

材料 肉末20克，茄子100克，植物油、水淀粉、鸡汤各适量，香葱、姜、香油、酱油、盐、味精、白糖各少许

做法

1.将茄子洗净去皮，切大粗条；香葱洗净切段；姜洗净切丝。

2.起锅加热植物油，放入茄条，炸至金黄，捞出沥油。

3.锅底留油，放入肉末、茄子、鸡汤、姜丝、盐、味精、白糖、酱油。

4.用小火烧至汤汁浓时再用水淀粉勾芡，起锅前淋上香油拌匀即成。

奶汤芹蔬小排骨

材料 猪小排500克，胡萝卜、鲜蘑菇各100克，香芹200克，鲜牛奶500毫升，黄酒、花生油、干淀粉、盐、米醋各适量

做法

1. 猪小排洗净，逐根切成长3厘米、宽1.5厘米的条块，用开水烫一下，沥干水分后，放入盆内，加干淀粉和少量黄酒、盐拌匀，鲜蘑菇洗净，每个蘑菇切成4小块。

2. 锅置火上，倒入花生油，烧至八成热，将排骨放入，炸至淡黄色、稍酥，然后将排骨捞至砂锅内。

3. 砂锅内倒入少量清水，然后用大火煮开，加入半量鲜牛奶和少许米醋，用小火焖煮至排骨软熟，然后放入切成条块状的胡萝卜、香芹、鲜蘑菇块和另半量鲜牛奶，继续用小火焖煮至排骨酥软，至香气外溢时加入适量盐即成。

茄汁虾仁

材料 虾仁100克，黄瓜30克，蛋清20克，水淀粉、料酒、盐、淀粉、白糖各少许，植物油、高汤、西红柿酱、鸡精各适量

做法

1. 将虾仁洗净，放到一个大的碗中，加入少量盐，用手抓捏，挤干水备用；黄瓜洗净，切丁备用。

2. 在放虾仁的碗中加入蛋清、鸡精和淀粉，搅拌至虾仁表面裹上一层半透明的浆衣。

3. 锅内加入植物油烧热，放入虾仁炒熟，盛出备用。

4. 锅中留少许底油烧热，加入西红柿酱、料酒、白糖、鸡精、盐和少许高汤，烧开，用水淀粉勾芡。

5. 将虾仁和黄瓜丁倒入锅中翻炒均匀即可。

熘苹果

材料 苹果200克，蛋清100克，白糖、淀粉、芝麻各少许，植物油适量

做法

1. 把苹果洗净去皮、核，切成片，用蛋清、淀粉调糊，使苹果片挂糊。
2. 起锅加热植物油，放入挂糊的苹果片炸至呈金黄色，捞出沥油。
3. 在炒锅中加少量清水烧开，用淀粉勾芡后，放入炸好的苹果翻炒几下，撒上芝麻、白糖即成。

豌豆丸子

材料 肉馅50克，豌豆20克，淀粉适量

做法

1. 肉馅加入煮烂的豌豆、淀粉拌匀，摔打至有弹性，再分搓成小枣大小的丸状。
2. 锅置火上，加入适量清水，烧开后放入丸子，蒸1小时至肉软即可。

贴心·提示 豌豆不宜长期大量食用，以免出现腹胀。

苹果薯团

材料 红薯、苹果各60克，蜂蜜少许

做法

1. 将红薯洗净，去皮，切碎煮软。
2. 把苹果去皮、去核后切碎，煮软，与红薯均匀混合，加入少许蜂蜜拌匀即可。

香肠炒蛋

材料 鸡蛋50克，香肠20克，黄瓜80克，植物油、盐各少许

做法

1.将鸡蛋磕入碗中；香肠切成碎末；黄瓜去皮、籽，切成碎末。

2.将香肠末、黄瓜末放入鸡蛋碗内，加入盐搅成蛋液。

3.锅置火上，放植物油烧热，倒入蛋液，炒熟即可。

琥珀核桃肉

材料 核桃肉100克，熟白芝麻20克，植物油、白糖各适量

做法

1.锅置火上，放植物油烧热，放入核桃肉，炒至白色的核桃肉泛黄，捞出，控净油。

2.去掉锅内的油，倒入少量开水，放入白糖，搅至溶化，放入核桃肉不断翻炒至糖浆变成焦黄，全部裹在核桃上，再撒入熟白芝麻，翻炒片刻即可。

鹌鹑蛋奶

材料 鹌鹑蛋10克，鲜牛奶300毫升，白糖适量

做法

鹌鹑蛋去壳，加入煮沸的鲜牛奶中，煮至蛋刚熟时，离火，加入适量白糖调味即可。

虾仁炒蛋

材料 鸡蛋50克，虾仁20克，橄榄油适量，盐少许

做法

1.将鸡蛋洗干净，打入碗中，用筷子搅散。
2.将虾仁洗干净，拍碎，剁成细末。
3.在蛋液中加入虾仁和盐，调匀。
4.将橄榄油加入锅中烧热，倒入蛋液，炒散即可。

白菜肉卷

材料 白菜叶50克，瘦猪肉20克，料酒、盐各适量，葱末、姜末各少许

做法

1.将白菜叶用开水烫一下；瘦猪肉绞好，调味成馅。
2.把调好的馅放在摊开的白菜叶上，卷起成筒状，再切成段，放入盘内加葱末、姜末、料酒和盐，上笼蒸30分钟即可。

彩蔬三明治串

材料 白吐司30克，鸡肉100克，香菇、洋葱各100克，青甜椒180克，植物油、西红柿酱各适量

做法

1.白吐司去边，切成约一口大小块状，放入小烤箱中烤约2分钟至表面金黄。
2.植物油倒入锅烧热后，放入鸡肉炒散，再放入洋葱、香菇拌炒至熟软。
3.接着以西红柿酱调味后，放入青甜椒略炒即可熄火。
4.以竹签将吐司、鸡肉、蔬菜交错逐一串起即可。

脆皮香蕉

材料 香蕉100克，鸡蛋50克，面粉、面包糠各少许，植物油适量

做法

1. 香蕉去皮，切成1.5厘米宽的片备用；鸡蛋打成蛋液备用。
2. 将香蕉片先沾面粉，再沾蛋液，最后裹上面包糠。
3. 锅中放植物油，五成热时下香蕉炸至两面稍黄即可。

桃仁拌莴笋

材料 莴笋50克，核桃仁10克，香油适量，盐、鸡精各少许

做法

1. 将莴笋去皮、洗净，切成厚片，在每片中间竖切一个口，使之保持不断；核桃仁洗净，切成条备用。
2. 将锅置于火上，加入适量清水烧沸，放入莴笋片、核桃仁焯烫至变色后捞出备用。
3. 把莴笋片中间开口处撬开，将桃仁嵌入莴笋片中，放入盘中，加入盐、香油、鸡精拌匀即可。

蚝油扇贝

材料 鲜扇贝200克，蚝油40克，植物油、姜、料酒、盐各适量

做法

1. 将姜切末，鲜扇贝泡入水中，去除泥沙，再洗净，放入开水锅汆熟。
2. 捞出去一侧盖壳，肉放壳内，排放盘中。
3. 炒锅注植物油烧热，放蚝油、姜末、盐、料酒及适量水，烧开后调成蚝油汁，浇在扇贝肉上即成。

花生酱蛋奶

材料 牛奶150毫升，花生酱30克，鸡蛋50克，植物油少许

做法

1.将牛奶与花生酱混合，搅拌均匀；将鸡蛋磕入碗中，打散搅匀。

2.在牛奶、花生酱中，加入鸡蛋液，搅拌均匀。

3.将小蒸杯内层涂一层植物油，倒入牛奶蛋液花生酱。

4.将小蒸杯放入锅中，蒸15分钟左右，用叉子插入，取出时叉子是干净的即可。

排骨南瓜煲

材料 排骨200克，大米100克，小南瓜500克，沙茶酱、生抽、白糖、盐各少许

做法

1.排骨用清水浸泡半个小时，冲净血水，加沙茶酱、生抽、白糖、盐少许腌制半个小时；小南瓜用花刀刻去顶部，挖出内瓤。

2.将大米淘洗干净，和排骨混合在一起，加入适量的清水，放入蒸锅中蒸40～50分钟至米饭熟透，再关火焖10分钟。

3.将蒸好的米饭和排骨放入南瓜中。如果排骨较大，可以把肉剔下来了，如果是小块排骨，也可以不剔。

炒三鲜

材料 蘑菇、豌豆各100克，冬笋、西红柿各50克，姜片、葱段各5克，盐3克，水淀粉10克，植物油适量

做法

1.豌豆洗净；冬笋、蘑菇洗净切丁；西红柿用开水烫去皮，切丁。

2.锅置火上，放植物油烧至五成热，爆香葱段、姜片，放入豌豆、冬笋丁、蘑菇丁、西红柿丁烧至熟，加盐，用水淀粉勾芡即可。

菠萝鸡片

材料 鸡胸肉200克，菠萝、小黄瓜各100克，红甜椒150克，植物油、水淀粉各适量

做法

1.鸡胸肉切片，用水淀粉搅拌；菠萝去皮，切片；小黄瓜与红甜椒洗净，切片，放入开水锅中氽烫后，捞出。

2.锅置火上，放植物油烧热，放入鸡肉炒至八分熟，再放入小黄瓜、红甜椒、菠萝片拌炒至熟即可。

虾仁镶豆腐

材料 豆腐100克，虾仁50克，青豆仁10克，香油少许

做法

1.豆腐洗净，切成方块，再挖去中间的部分。

2.虾仁洗净、剁成泥状，填塞在豆腐挖空的部分中间，并在豆腐上面摆上几个青豆仁做装饰。

3.将做好的豆腐放入蒸锅蒸熟。

4.将香油适量均匀淋在蒸好的豆腐上即可。

姜丝拌草鱼

材料 草鱼1 000克，姜30克，香油、酱油、料酒、盐、鸡精各适量

做法

1.草鱼洗净，放入沸水锅中烫至熟，捞入盘内；姜块切丝。

2.姜丝投入用文火烧热的香油锅内煸炒至出香味时，放入酱油、料酒、盐和鸡精。

3.最后将汁浇在盘中的鱼上即成。

 芙蓉银鱼

材料 鸡蛋清60克，小银鱼40克，火腿末6克，精制油200毫升，牛奶、鲜汤、盐、味精、水淀粉各适量

做法

1. 小银鱼焯水待用，鸡蛋清中倒入少许牛奶搅拌均匀。

2. 锅烧热加精制油，将搅拌好的鸡蛋清倒入冷油中轻轻搅拌，待油温升高，蛋清全部浮起即可盛起待用。

3. 炒锅中放入鲜汤、盐、味精、银鱼和已炒好的鸡蛋清，加水淀粉勾芡，出锅装盆，撒上火腿末即可。

 蒜香薯丸

材料 红薯250克，生姜、蒜瓣各少许，植物油、醋、盐各适量

做法

1. 将红薯洗净、去皮、切成片，放入笼屉蒸熟取出。

2. 把蒸熟的红薯捣碎，再加醋捣成泥。

3. 蒜瓣、生姜切碎与盐一并放入薯泥中用力搅打均匀。

4. 起锅加热植物油，将薯泥捏成小圆粒逐个下锅炸至呈酱红色，倒入漏勺沥去油装盘即成。

 黄豆糙米卷

材料 黄豆20克，糙米饭40克，海苔片少许，胡萝卜、小黄瓜各10克，素肉松30克

做法

1. 胡萝卜、小黄瓜切成条状，烫熟后备用。

2. 竹帘上先铺上保鲜膜，再依序排入素肉松、黄豆、糙米饭、素肉松、海苔片、胡萝卜条及小黄瓜条，卷成圆桶状，切段即成。

橘饼炒蛋

材料 橘饼、鸡蛋各50克，老姜15克，植物油、白糖各适量

做法

1.老姜切丝；鸡蛋打匀、橘饼切片状备用。

2.放植物油入锅加热，下姜丝爆香后，放入切片的橘饼翻炒至橘饼变软。

3.最后再一起将蛋液倒入锅中加白糖适量炒熟即可。

双蛋煎鱼子

材料 鱼子50克，鸡蛋150克，皮蛋60克，植物油、盐、胡椒粉各适量

做法

1.鱼子煮熟、捣烂；皮蛋蒸熟、去壳切小块；鸡蛋打散，加入盐、胡椒粉、鱼子拌匀。

2.煎锅置火上，加植物油烧热，倒入蛋液，再把皮蛋块摆到鸡蛋上，用小火煎透即可。

夹沙香蕉

材料 香蕉200克，豆沙50克，面粉、干淀粉各适量，食用油、发酵粉各少许

做法

1.将香蕉去皮，每根香蕉切成三段，把每段对半切成两半，在每一半的中间挖出凹槽，酿入豆沙，然后两半合成一段裹上干淀粉备用。

2.将面粉放在容器中，加入适量清水调匀，再放入适量食用油和发酵粉搅匀，制成细滑的发粉糊。

3.锅置火上，放食用油烧热，把裹好淀粉的香蕉段蘸匀发粉糊，逐段放入热油中炸至金黄色，捞出沥油，装盘即可。

拌双耳

材料 银耳、黑木耳各50克，盐、白糖各少许，葱、香油、醋、鸡精各适量

做法

1.将银耳和黑木耳分别用温水泡发，去掉根蒂，洗净，撕成小朵，用开水焯烫，捞出投入凉开水中过凉，再捞出沥干水；葱洗净，切成细丝。
2.将银耳和黑木耳装入盘中，撒上葱丝。
3.将盐、醋、鸡精、白糖、香油用冷开水调匀，浇在银耳和黑木耳上，拌匀即可。

肉末鸡蛋糕

材料 鸡蛋100克，青蒜10克，肉末20克，葱末、姜末各少许，植物油、盐、水淀粉各适量

做法

1.将鸡蛋磕入碗中，加少许盐搅匀，倒在平底盘内，然后放蒸锅里用大火蒸8分钟，取出，用刀将蒸熟的蛋糕划成小块。
2.青蒜择洗干净，切成小段。
3.锅置火上，放植物油烧热，放入葱末、姜末炝锅，放入肉末炒散，加入青蒜段和蛋块，用水淀粉勾芡，搅炒均匀即可。

豆腐西红柿

材料 嫩豆腐250克，西红柿25克，玉米粉少许

做法

1.西红柿剥去皮，切末备用。
2.嫩豆腐用热水烫过，加少许玉米粉用水调稀。
3.所有材料搅匀后略煮，放置一旁待凉即可食用。

五彩卷

材料 鱼肉、鸡蛋、土豆各25克，白萝卜50克，胡萝卜、绿豆芽各5克，葱末、生粉各10克，植物油、盐、水淀粉各适量

做法

1.土豆煮熟、去皮、搅烂，鱼肉剁烂加上葱末、生粉、盐拌匀，鸡蛋磕入碗中，搅拌均匀。

2.煎锅放少许植物油，将蛋液倒入煎成蛋皮，注意不要煎焦，保持蛋色，把蛋皮贴锅的一面向上平放装盘。

3.蛋皮上铺上肉末，卷起，蒸熟，然后切成片打上芡汁；把胡萝卜、白萝卜、绿豆芽切成丝、旺火炒熟后铺平在碟子上，放上已切好的蛋卷即可。

虾皮烧冬瓜

材料 冬瓜100克，虾皮10克，植物油、盐各适量

做法

1.将冬瓜去皮、洗净，切块；虾皮浸泡洗净备用。

2.锅内加入植物油烧热，放入冬瓜快炒。

3.加入虾皮和盐，并加少量水，调匀，盖上锅盖，烧透入味即可。

清凉西瓜盅

材料 小西瓜1000克，菠萝肉50克，苹果、雪梨各150克，冰糖适量

做法

1.将菠萝肉切块；苹果、雪梨洗净，去皮、核，切块备用。

2.小西瓜洗净，在离瓜蒂1/6的地方呈锯齿形削开。将西瓜肉取出，西瓜盅洗净备用。

3.锅内放水煮沸，放入冰糖煮化，再加入全部水果块略煮，放凉后倒入西瓜盅中，再放入冰箱冷藏，食用时取出即可。

鲜味豆腐

材料 豆腐200克，鸡肉、虾仁、玉米粒各30克，胡萝卜50克，豌豆仁15克，姜末少许，香菇10克，植物油、盐、淀粉各适量

做法

1.豆腐切成小方块；鸡肉、胡萝卜洗净切成小粒。

2.香菇泡发、洗净以后切成小粒；虾仁、玉米粒、豌豆仁洗干净。

3.起锅加热植物油，把姜末放入锅里炒香。

4.鸡肉、香菇、胡萝卜、玉米粒、豌豆仁一起下锅快炒，七成熟的时候起锅，备用。

5.重新起锅，油热放豆腐，煎至颜色微黄，加入虾仁和炒好的菜，加少量清水，焖5分钟，用淀粉勾芡，放盐调匀即可装盘。

桃仁鸡卷

材料 嫩仔鸡750克，核桃仁80克，蛋清50克，冬笋30克，豆苗100克，葱、姜各10克，植物油250毫升（实耗50毫升），味精、盐、干淀粉、料酒各适量，鸡汤100毫升，香油10毫升

做法

1.把嫩仔鸡宰杀后划破胸皮取下生鸡脯肉，剔去净骨和筋，片成6厘米长、3厘米宽的薄片，用料酒、蛋清、适量的盐和干淀粉调成浆，把鸡片浆好。

2.把核桃仁用开水泡胀，撕去皮，用少许盐腌一下；将植物油烧到六成热时，将核桃仁炸酥脆呈金黄色，捞出备用。

3.把冬笋切菱形片；豆苗择苞洗净。

4.用鸡汤、味精、干淀粉和香油勾兑成汁。

5.将浆好的鸡脯片摊开放在案板上，把核桃仁放在鸡片的一端，滚成卷。

6.将植物油烧到六成热时，把鸡卷逐个下入油锅滑至八成熟，倒入漏勺沥油。锅内留30克油，下入冬笋片煸炒，随即下入豆苗和鸡卷，即倒入兑汁翻炒几下，装入盘内即成。

鸡汤豆腐

材料 豆腐100克，鸡肉50克，小白菜20克，鸡汤300毫升，姜丝、盐、鸡精各少许

做法

1.豆腐洗净，切成3厘米见方、1厘米厚的块，用沸水焯烫后捞起备用。

2.将鸡肉洗净切块，用沸水焯烫，捞出来沥干水备用；小白菜洗净切段备用。

3.锅置火上，加入鸡汤，放入鸡肉，加适量盐、清水同煮。

4.待鸡肉熟后，放入豆腐、小白菜、姜丝，煮开后加入鸡精调味即可。

韭菜炒豆芽

材料 韭菜50克，绿豆芽20克，花生油、鸡精、盐各适量

做法

1.韭菜洗净，切成3厘米长的段；绿豆芽去尾，洗净备用。

2.锅内加入花生油烧至七成热，放入绿豆芽和韭菜段一起翻炒，加入盐再炒几下，最后加入鸡精，炒匀，出锅装盘即成。

贴心·提示 一定要注意火候，炒的时间不要太长。

扁豆炒肉丝

材料 扁豆50克，瘦猪肉30克，葱末、姜末各少许，植物油、盐、酱油各适量

做法

1.扁豆切段；瘦猪肉切丝，用盐、酱油腌渍5分钟。

2.锅内倒入植物油，油热后下入葱末、姜末爆香，放肉丝煸炒，然后加入扁豆翻炒。

3.倒入水，待水煮开后，放盐、酱油，转小火焖至扁豆熟烂即可。

多味蔬菜丝

材料 卷心菜50克，水发海带、胡萝卜、芹菜各10克，醋、盐、鸡精各少许，香油适量

做法

1.将芹菜、胡萝卜、水发海带、卷心菜分别洗净，切成细丝。

2.将锅置于火上，加适量水烧开，将芹菜丝、胡萝卜丝、海带丝、卷心菜丝分别放入水中焯烫熟，捞出来沥干水，放入一个比较大的盆中。

3.加入盐、鸡精、少许醋和香油，拌匀即可。

韭菜炒蛋

材料 韭菜100克，鸡蛋120克，盐少许，植物油适量

做法

1.韭菜择洗干净，切成1.5厘米长的段；鸡蛋磕入盆内打散备用。

2.锅内倒植物油烧热，倒入蛋液，炒熟后投入韭菜快速煸炒，同时加入盐翻炒均匀即可。

贴心·提示 富含铁，有助于宝宝预防缺铁性贫血。

柳橙鲔鱼色拉

材料 罐头鲔鱼25克，橙子200克，酸奶20毫升

做法

1.将橙子去皮、去籽，只取果肉部分。

2.将果肉混入罐头鲔鱼中，淋上酸奶后拌匀即可。

木耳炒白菜

材料 水发木耳20克，大白菜50克，葱花、植物油、酱油、盐、水淀粉各适量

做法

1.将水发木耳择洗干净，撕成小片；选大白菜的菜心，切成小片。

2.锅内放植物油烧热，下葱花炝锅，随即放入白菜片煸炒，炒至白菜片油润明亮时，放入木耳，加酱油、盐，炒拌均匀，用水淀粉勾芡即可。

木耳莴笋拌鸡丝

材料 鸡胸肉50克，木耳10克，莴笋30克，青甜椒、红甜椒各少许，盐、香油各适量

做法

1.鸡胸肉切丝，用沸水焯熟。

2.莴笋、木耳、青甜椒、红甜椒切丝，用开水稍焯一下。

3.将全部材料用盐拌匀，淋少许香油即可。

小兔吃萝卜

材料 瘦肉35克，去骨鱼片20克，米粉、腐竹各5克，菠菜100克，白萝卜丝、胡萝卜各5克，葱花、油、盐、生粉各适量

做法

1.瘦肉洗净剁烂加葱花、生粉、油、盐等拌匀做馅；胡萝卜洗净，切成小粒和丝；米粉和好，擀成圆片；把拌好的肉馅放在皮中间，对折成扇形，把面前尖端部分用大拇指压扁后再用剪刀剪成两小片，向上捏成兔耳朵；镶两粒胡萝卜作眼睛便成小兔，用蒸锅蒸20分钟即可。

2.将腐竹、菠菜和去骨鱼片焯熟，焯时加盐和一点点油；然后用这三种原料作铺垫，再摆上小兔。小兔的前面可放白萝卜丝和胡萝卜丝，形成小兔吃萝卜的意境。

蜜汁土豆丸

材料 土豆200克，鸡蛋30克，红豆沙40克，面粉30克，熟芝麻10克，盐少许，花生油400毫升（实耗40毫升），白糖100克，玫瑰糖5克，香油5毫升

做法

1.将土豆洗净，放锅内煮熟，取出剥去皮，放在案板上用刀压成茸。

2.把土豆茸放大碗里，加上鸡蛋、盐和面粉一起揉匀，搓成直径2厘米的丸子。红豆沙也搓成小丸。

3.取1个土豆丸子，用手将土豆丸捏个圆形的窝，放上1个豆沙小丸，包裹好后再轻轻搓成圆形，放入烧热的花生油锅内炸酥脆，取出沥油。

4.在净锅里放少许花生油，复置火上烧热，放入清水、白糖和玫瑰糖炒浓成糖汁。

5.倒入炸好的土豆球翻炒挂匀，撒上熟芝麻，淋上香油，出锅装盘上桌即可。

茄泥肉丸

材料 猪肉（肥瘦各一半）、茄子各200克，鸡蛋50克，葱、姜各少许，酱油、料酒各15毫升，淀粉10克，盐、胡椒粉5克，植物油适量

做法

1.将猪肉洗净绞碎，放入一个大碗中，加入酱油、料酒、盐、胡椒粉及少量淀粉拌匀；将鸡蛋打到一个干净的碗里搅匀；葱、姜均洗净、切末备用。

2.茄子洗净、切条，隔水蒸20分钟左右。

3.取出茄子，加入少许葱、姜，捣成泥状，拌入肉泥中搅匀。

4.锅内加入植物油烧热，将茄泥肉糊用小勺挑到手中，用大拇指和食指挤成小丸，蘸上蛋液和淀粉，放到锅里炸。

5.先用中火稍炸，后用小火炸熟内部，起锅前再用大火将外皮炸脆，捞出来控干油，摆入盘中即可。

青椒土豆丝

材料 土豆300克，青、红甜椒150克，盐、植物油各少许

做法

1.土豆刨好丝，放入淡盐水中浸泡，以防止变色，保持脆爽。

2.将青、红甜椒洗净，去籽，切丝。

3.锅置火上，放植物油烧热，放入青、红甜椒丝煸炒片刻，放入土豆丝炒熟，加少许盐翻炒片刻即可。

清炒魔芋丝

材料 魔芋50克，火腿10克，葱段、姜丝各少许，植物油、白糖、盐、水淀粉各适量

做法

1.将包装中的魔芋取出洗净，切丝；火腿切丝。

2.锅置火上，放植物油烧热，放入姜丝、葱段、火腿炒香，加入魔芋丝、盐、白糖，炒至入味，用水淀粉勾芡即可。

肉末炒豌豆

材料 豌豆50克，瘦猪肉100克，葱、姜各少许，酱油、料酒各5毫升，植物油、盐、鸡精各适量

做法

1.将瘦猪肉洗净，剁成肉末；豌豆洗净、备用；葱、姜洗净，分别切成细末备用。

2.锅内加入植物油烧热，加入葱、姜煸炒出香味后，加入肉末略炒，烹入料酒，加入酱油，翻炒均匀。

3.加入豌豆、盐、鸡精，大火炒熟即可。

红焖肉

材料 猪五花肉250克，葱10克，冰糖5克，大料、盐、料酒、酱油、油各适量

做法

1.葱切小段；猪五花肉切成小方块。

2.油入锅烧热，下冰糖炒成糖色，放入肉块、葱段、大料翻炒几下。

3.加入清水、酱油和料酒，用小火焖50分钟，转中火焖至汤汁黏稠，加盐调味即可。

双耳蒸冰糖

材料 银耳、黑木耳各20克，冰糖5克

做法

1.将银耳、黑木耳用清水浸泡，去除杂质、蒂头、泥污。

2.将银耳、黑木耳放入小碗中，加冰糖，加清水适量，置蒸锅中文火蒸1小时即可食用。

肉末胡萝卜炒毛豆仁

材料 瘦猪肉100克，毛豆仁、胡萝卜各30克，淀粉、植物油、盐、酱油、香油各少许

做法

1.毛豆仁洗净，放入沸水中焯烫，捞出、泡冷水，沥干待凉。

2.胡萝卜去皮、切1厘米小丁，放入沸水中焯烫，捞出。

3.瘦猪肉剁末，放入碗中加酱油、淀粉抓拌均匀备用。

4.锅内加入植物油烧热，放入肉末用大火炒匀，加入胡萝卜丁、毛豆仁一起翻炒数下，再加入盐、香油调匀即可。

酸奶果冻

材料 酸奶200毫升，橙汁100毫升，蜂蜜、果冻粉各适量

做法

1.将橙汁与酸奶充分混合，调入蜂蜜搅拌。

2.将果冻粉泡热水，充分搅拌均匀，将果冻水加入橙汁酸奶中。

3.趁混合果冻汁尚未凝固时倒入杯中，冷却或冰镇后即可。

香菇火腿蒸鳕鱼

材料 鳕鱼50克，火腿30克，干香菇5克，盐少许，料酒适量

做法

1.干香菇用温水浸泡1个小时左右，洗净，再除去菌柄，切成细丝；火腿切成细丝；鳕鱼洗净，切块；盐和料酒放到一个小碗里调匀。

2.取一个可以耐高温的盘子，将鳕鱼块放进去，在鳕鱼的表面铺上一层香菇丝和火腿丝，放到开水锅里用大火蒸8分钟左右，也可以使用微波炉来蒸，用高火蒸3分钟左右就可以了。

3.倒入调好的汁，再用大火蒸4分钟（用微波炉的话，用高火蒸1分钟），取出后去掉鱼刺即可。

香肠炒油菜

材料 香肠100克，油菜200克，植物油100毫升，黄酒、盐各少许，葱末、姜末各适量

做法

1.将香肠切成薄片；油菜择洗干净，切段。

2.植物油入锅中烧热，下入葱末、姜末略煸，投入油菜段炒至半熟，倒入香肠片，加入盐、黄酒，用旺火继续煸炒几下即成。

五彩冬瓜盅

材料 冬瓜50克，火腿、胡萝卜（不带硬芯）、蘑菇各10克，冬笋嫩尖、鸡油各5克，鸡汤适量，盐少许

做法

1.将冬瓜洗净、去皮，切成1厘米见方的丁；胡萝卜洗净，切成碎末备用。

2.将蘑菇、冬笋洗干净，切成碎末备用；火腿切成碎末备用。

3.将准备好的材料一起放到炖盅里，加上盐搅拌均匀，浇上鸡汤和鸡油，隔水炖至冬瓜酥烂即可。

清蒸大虾

材料 大虾500克，葱段、姜片各10克，花椒5克，料酒10毫升，酱油、醋各5毫升，香油3毫升，味精3克

做法

1.大虾洗净，剪去须，去除沙线。

2.将大虾摆入盘内，加入料酒、味精、葱段、姜片、花椒，上笼蒸10分钟。用醋、酱油和香油调成汁，可蘸食。

三色肝末

材料 猪肝25克，胡萝卜、西红柿、菠菜各10克，洋葱5克，肉汤适量，盐少许

做法

1.将猪肝洗净、切碎；洋葱剥去外皮、切碎；胡萝卜洗净、切碎；西红柿用开水烫一下，剥去皮切碎；菠菜择洗干净，取叶切碎待用。

2.把切碎的猪肝、胡萝卜放入锅内加肉汤适量煮熟，最后加入西红柿、菠菜，继续煮片刻，调入盐即成。

茭白炒鸡蛋

材料 鸡蛋120克，茭白100克，盐3克，熟猪油2克，葱末5克，高汤500毫升，植物油少许

做法

1.将茭白洗净、去皮，切成粗丝；鸡蛋打入碗内，加一点儿盐，搅拌。

2.将熟猪油放入锅内，待油烧至六成热，放入茭白丝翻炒几下，加入盐、高汤，熬干汤汁时，即可盛入碗中。

3.再将锅内加入一点植物油，烧热后炒熟鸡蛋，然后将炒过的茭白丝下锅，加入葱末一起炒拌，待熟后撒上盐，继续炒几下即可。

可乐鸡翅

材料 鸡翅（中段）400克，可乐355毫升，植物油、葱段各适量，柠檬皮丝5克，酱油15毫升

做法

1.除鸡翅、植物油外，所有材料混合成腌料，但需留出一些柠檬皮丝做最后的装饰。

2.鸡翅切成两半，浸入腌料中，腌40分钟左右。

3.腌好的鸡翅入加热植物油锅中略炸，至外皮金黄即可起锅。

4.炸好的鸡翅加腌料，置另一锅用大火煮至滚后，转小火继续煮约半小时，盛于盘后，撒少许柠檬皮丝。

鸡蛋炒丝瓜

材料 丝瓜250克，鸡蛋50克，盐3克，油少许

做法

1.丝瓜去皮、切小滚刀块，鸡蛋打散，加1茶匙水，搅拌均匀。

2.锅中放油烧热，淋入鸡蛋，炒散，下入丝瓜块，炒至熟软，入盐调味即可。

腐竹烧肉

材料 瘦猪肉150克，腐竹100克，酱油5毫升，盐适量，黄酒8毫升，葱段、姜片各少许，水淀粉60克，植物油适量

做法

1.将瘦猪肉切成2厘米见方、1厘米厚的块，放入盆内加少许酱油腌2分钟，投入九成热的植物油内炸成金黄色捞出。

2.腐竹放入盆内，加入凉水泡5小时使之发透，切成1.5厘米长的小段备用。

3.将肉放入锅内，加入水（以漫过肉为度）、酱油、黄酒、葱段、姜片，待开锅后，转微火焖至八成烂时，加入腐竹同烧入味，加盐调味，用水淀粉勾芡即成。

糖醋排骨

材料 猪排骨200克，葱末、姜片、老抽、醋各适量，盐、香油各少许，白糖20克，黄酒8毫升，油适量

做法

1.将猪排骨洗净，剁成小块，放入盆内，加入适量老抽、黄酒拌匀腌制20分钟。

2.用八成热的油将排骨块炸透，呈金红色时捞出沥油。

3.排骨放入锅内，加入适量水、老抽、白糖、葱末、姜片烧开，转小火焖煮1小时到酥烂。

4.加盐、醋，收汁，淋入香油即成。

贴心提示 收汤汁的步骤非常关键，要用大火，要多晃动锅里的排骨，以免糊锅。

🐻 营养主食

肉末冬瓜面

材料 冬瓜、熟肉末各50克，面条100克，高汤适量

做法

1.冬瓜洗净，去皮，切块，放入沸水锅中煮熟，切成小块备用。

2.锅置火上，加水烧开，放入面条，煮至熟烂后取出，用勺搅成短面条。

3.将高汤倒入锅中，大火煮开，放入冬瓜块、熟肉末和面条，用小火稍煮即可。

汤面

材料 龙须面20克，熟蔬菜泥少量

做法

1.龙须面切成短小的段，倒入沸水中煮熟软，捞起备用。

2.煮熟的面与水同时倒入小锅内捣烂，煮开。

3.起锅后加入少量熟蔬菜泥。

鸡肉末汤面

材料 鸡肉、菠菜各20克，挂面30克，盐、葱末、香油各少许

做法

1.将鸡肉去筋、去膜洗净，剁成肉末。

2.将菠菜去老叶、去根洗净，用沸水焯一下，捞出过凉后沥干水分，切成碎末。

3.锅中放入适量清水，将鸡肉末放入，加葱末煮熟后，放入挂面，将挂面煮烂后，加入菠菜末稍煮，加入盐，淋香油即可。

鸡蛋面片汤

材料 面粉100克，鸡蛋60克，菜汤、香油、酱油各适量

做法

1.将面粉放在大碗内，打入鸡蛋，用鸡蛋液将面粉调制成面团，揉好。

2.将揉好的鸡蛋面团擀成薄圆片，再用刀切成小碎片。

3.锅置火上，放入适量清水，烧开，然后放入面片，煮烂后将面片捞入碗中，加入少量菜汤（菜汤要烧热）、几滴香油和酱油即可。

蛋丝清汤面

材料 切面条100克，豆苗10克，鸡蛋60克，葱花、酱油、盐、味精、湿淀粉、香油各适量，鲜汤300毫升

做法

1.将鸡蛋磕入碗内，加入少许盐、湿淀粉搅匀。

2.平锅置小火上，抹上香油，倒入鸡蛋液，摊成蛋皮，取出，切成细丝。

3.将切面条下入沸水锅内煮熟，捞入汤碗内。

4.汤锅置旺火上，放入鲜汤烧沸，加入酱油、盐、味精、香油、葱花、豆苗，调好味，再烧沸后倒入面条碗中，撒上蛋皮丝即成。

虾仁小馄饨

材料 虾仁50克，猪腿肉20克，鸡蛋60克，小馄饨皮适量，盐少许

做法

1.猪腿肉绞碎，和虾仁一起拌匀，加盐，打入鸡蛋，再拌匀。

2.将馅料用小馄饨皮包裹，煮熟即可。

虾仁金针菇面

材料 龙须面30克，金针菇、菠菜各50克，虾仁20克，植物油、高汤各适量，盐少许

做法

1.将虾仁洗干净，煮熟，剁成碎末，加入盐腌15分钟左右。

2.将菠菜洗干净，放入开水锅中焯2～3分钟，捞出来沥干水，切成碎末备用。

3.将金针菇洗干净，放入开水锅中焯一下，切成1厘米左右的小段备用。

4.锅内加入植物油，待油八分热时，下入金针菇，加入少许盐，翻炒至入味。

5.加入高汤（如果没有高汤也可以加清水），放入虾仁和碎菠菜，煮开，下入准备好的龙须面，煮至汤稠面软，即可出锅。

焖扁豆面

材料 手工鲜切面、扁豆、葱末、姜末、油各适量，盐、香油、醋蒜汁各少许

做法

1.将扁豆洗干净，沥干水分，掰成小段，备用。

2.将炒锅置火上，加油烧热，倒入葱末、姜末，放入扁豆煸炒并加入少量盐，放入热水（水以淹没扁豆为宜），旺火煮开后转中火，待扁豆六七成熟后，捞出锅内大约1/3的扁豆。

3.取一半手工鲜切面均匀、松散地覆盖在扁豆上，将刚捞出的扁豆均匀码在生面上，再将另一半切面铺入锅中松散地盖住扁豆。

4.盖好锅盖，然后改用小火焖大约15～20分钟，待水干面熟时关火。食用时佐醋蒜汁、香油即可。

猪肝面

材料 面条100克，鲜猪肝、水发木耳各30克，猪筒骨200克，葱花、植物油、酱油、盐、干淀粉、湿淀粉各适量

做法

1.鲜猪肝切成小片，放入碗内，加干淀粉拌匀上浆。水发木耳切成小块。

2.锅置旺火上，加入清水，放入猪筒骨烧沸，转用小火煨2小时，制成乳白色骨头汤。

3.取一汤碗，放入部分植物油、葱花、盐，舀入大半碗烧沸的骨头汤。

4.将面条下入沸水锅内用中火煮熟，捞入汤碗内。

5.锅置旺火上，放入植物油烧至七成热，下入猪肝片滑散，倒入漏勺沥油。

6.锅内留少许底油，倒入猪肝、木耳、酱油、骨头汤烧沸，用湿淀粉勾芡，起锅倒在面条上即成。

海鲜面

材料 小麦面粉100克，海藻50克，大鱼丸20克，鸡蛋60克，植物油、葱、盐各适量

做法

1.将海藻洗净，葱切成葱花，大鱼丸切成片。

2.将植物油放入炒锅内，待油热至六成热时，入葱花爆香。

3.再加入海藻、鱼丸炒匀。加入水用文火煮25分钟，加盐盛起待用。

4.将小麦面粉用水和匀，揉成面团，用擀面杖擀成薄片，切成面条。在沸水中下入面条煮熟，捞起盛入碗内。

5.将煮熟的鸡蛋切开，和海鲜盖在面上即成。

茄丁打卤面

材料 面条100克，茄子50克，瘦肉20克，盐、鸡精各少许，植物油、香油各适量

做法

1.将茄子洗净切丁，瘦肉洗净切末。

2.起锅烧水，水沸后放入面条煮熟，捞出过凉水后放在碗中。

3.起锅加热植物油，放入肉末炒香，加入茄子丁炒熟。

4.放入盐、鸡精炒匀，盛出放在面上，最后淋上香油即成。

牛肉面

材料 挂面35克，丝瓜20克，牛肉10克，胡萝卜30克，姜丝少许，植物油、盐、香油各适量

做法

1.丝瓜和胡萝卜切成丝，牛肉切成丁。

2.植物油入锅烧热，放入姜丝炝锅，加入牛肉丁翻炒，再放入胡萝卜丝和丝瓜丝，炒软。

3.加入适量的水，水开后下挂面，加盐调味。

4.面煮好后再淋入适量香油。

什锦煨饭

材料 鸡蛋60克，猪肝、豌豆各5克，胡萝卜、土豆各20克，葱花、米少许，盐适量

做法

1.猪肝剁成末。

2.将鸡蛋中加入葱花、盐和猪肝末分别炒熟。

3.将胡萝卜、土豆、豌豆煮烂。

4.所有加工好的材料和煮菜的汤一起，加少许米煮30分钟即可。

西红柿鸡蛋什锦面

材料 鸡蛋60克，面条50克，西红柿25克，干黄花菜5克，盐少许，植物油适量

做法

1.将干黄花菜用温水泡软，择洗干净，切成小段；西红柿洗净，用开水烫一下，去皮、去籽，切成碎末；鸡蛋磕入碗里，搅成蛋液。

2.锅置火上，放植物油，烧至八成热，放入黄花菜和盐，稍微炒一下，加入西红柿末煸炒几下，再加入适量的清水，煮开。

3.下入面条煮软，淋入蛋液，煮至鸡蛋熟即可。

豆腐软饭

材料 大米150克，豆腐、青菜各50克，炖肉汤（鱼汤、鸡汤、排骨汤）适量

做法

1.将大米淘洗干净，放入小盆内加入清水，上笼蒸成软饭待用。

2.将青菜择洗干净切成末；豆腐放入开水中焯一下，切成末。

3.将米饭放入锅内，加入炖肉汤一起煮，煮软后加豆腐、青菜末稍煮即成。

干酪饼

材料 胡萝卜25克，干酪50克，鸡蛋15克，牛奶20毫升，糕粉30克，香菜末少许，油适量

做法

1.将胡萝卜用擦菜板擦碎，干酪捣碎；鸡蛋加入牛奶调匀。

2.将糕粉、胡萝卜、干酪、香菜末放入鸡蛋糊中搅匀。

3.将搅拌好的材料用匙盛入煎锅，用油煎成饼。

鸡蛋奶酪三明治

材料 原味面包60克，鸡蛋、熟火腿片、奶酪、西红柿、沙拉酱、植物油各适量

做法

1.平底锅小火加热，将两片原味面包切去四边，入锅中烤至单面焦黄，取出。

2.锅内倒入少许植物油，将鸡蛋打入，煎成荷包蛋。

3.面包片没有烤过的一面朝上，涂上少许沙拉酱，放上熟火腿片，再放一片横切的西红柿，放一片奶酪，放上荷包蛋，最后盖上另一片面包片。

4.将三明治切成1.5厘米见方的块。

紫菜虾仁馄饨汤

材料 小馄饨300克，紫菜、虾仁各少许，葱花、姜丝、盐各适量

做法

1.先将小馄饨放入锅中，加适量清水，煮至快熟。

2.再放入紫菜、虾仁同煮，最后加入适量盐、葱花、姜丝调味即可。

海鲜疙瘩汤

材料 虾仁、蟹肉棒各20克，西红柿25克，葱末、鸡蛋皮丝、面粉、盐、香油各适量

做法

1.把虾仁洗净，去净泥肠，切成两段，备用。

2.把蟹肉棒剥去外皮，切小段，备用。

3.把西红柿去皮洗净，切成块，备用。

4.把面粉加适量水，调成疙瘩状。

5.在锅内放水煮开，加入调好的面疙瘩、西红柿、盐同煮2分钟。

6.再加入虾仁、蟹肉棒煮熟，放入鸡蛋皮丝，撒上葱末、淋入香油即可。

香煎小鱼饼

材料 鱼肉、鸡蛋各50克，牛奶50毫升，洋葱少许，植物油、盐、淀粉各适量

做法

1.将鱼肉去骨刺，剁成泥；洋葱洗净，切末备用。

2.把鱼泥加洋葱末、淀粉、牛奶、鸡蛋、盐搅成糊状有黏性的鱼馅，制成小圆饼。

3.平底锅置火上烧热，加少量植物油，将鱼馅制成小圆饼放入锅里煎熟即可。

蒸红薯

材料 红薯500克

做法

把红薯洗净，放入蒸锅蒸20~30分钟，熄火后焖10分钟即可食用。

萝卜饼

材料 面粉150克，萝卜50克，芝麻、葱末、盐、黄油、发酵粉各少许

做法

1.将面粉加发酵粉用温水调匀，将面发好，揉匀；萝卜切成细丝，撒上少许盐，沥干水。

2.把黄油切成小丁，加入葱末、萝卜丝、盐拌匀成馅备用。

3.把面皮抹上馅包好，捏紧口，擀成饼，蘸上芝麻，用手稍微一按，以急火烤烙即可。

鸡蛋米饭糕

材料 米饭40克，洋葱、青甜椒、红甜椒各5克，鸡蛋50克，盐、芝麻各少许

做法

1.洋葱去皮捣碎，红甜椒与青甜椒去籽后捣碎。

2.搅拌碗里的鸡蛋后与米饭、洋葱、青甜椒、红甜椒粒、清水充分搅拌后用盐调味。

3.将碗放蒸锅里蒸5分钟后撒入芝麻即可。

贴心·提示 此点心含丰富的蛋白质，适合宝宝食用。

煎绿豆饼

材料 肉馅100克，百合15克，绿豆50克，青椒、红椒各80克，盐、淀粉、植物油各少许

做法

1.百合洗净，泡开；青、红椒洗净，切碎；绿豆用清水浸泡一晚，放高压锅中煮熟盛出。

2.将熟绿豆放入肉馅中，加盐调味拌匀，做成小圆饼，上面盖两片百合，肉馅底部可蘸上少许淀粉。

3.平底锅置火上，放入绿豆圆饼，用慢火将两边煎熟，把煎熟的绿豆饼推向一边，再加少许植物油爆香，青、红椒碎点缀即可。

南瓜拌饭

材料 南瓜、大米各50克，高汤适量，白菜叶、香油、盐各少许

做法

1.南瓜去皮后，取一小片切成碎粒；白菜叶洗净，切细。

2.大米淘洗干净，放入电饭煲内，加入高汤，再加适量水煮。

3.待水沸后，加入南瓜粒、白菜叶煮至大米、南瓜烂软，再略加香油、盐调味即可。

胡萝卜牛腩饭

材料 牛肉（瘦）、米饭（蒸）各100克，胡萝卜、南瓜各50克，盐、高汤各适量

做法

1.首先将胡萝卜清洗干净，并切成块。

2.接着把南瓜清洗干净，去皮，切成块备用。

3.把牛肉清洗干净，切成块，焯水。

4.倒入高汤，放入牛肉，烧至牛肉八分熟时，放入胡萝卜块和南瓜块，加入盐调味，待南瓜和胡萝卜酥烂即可食用。

5.米饭装盆打底，浇上炒好的牛肉即可食用。

鳗鱼饭

材料 鳗鱼150克，笋片50克，青菜、米饭各100克，盐、料酒、酱油、白糖、高汤、油各适量

做法

1.鳗鱼中放入盐、料酒、酱油等调味品，腌制片刻。

2.打开烤炉，温度调至180℃。将腌制好的鳗鱼放入烤盘，烤熟。

3.笋片、青菜放入油锅中稍翻炒，加入鳗鱼，放入高汤、酱油、白糖、盐调味，至水收干后出锅，将做好的鳗鱼浇在饭上即可。

奶香枣杞糯米饭

材料 糯米200克，鲜牛奶100毫升，大枣30克，猪油、白糖各适量

做法

1.大枣泡软，洗净去核。

2.糯米用清水淘洗干净，再用清水浸泡6小时，捞出沥净水。

3.不锈钢盆内抹上猪油，放入大枣和泡好的糯米，加入鲜牛奶、白糖、猪油。

4.上屉大火蒸约1小时，取出，翻扣入盘中即成。

牛肉饭

材料 熟米饭100克，牛肉、西蓝花各200克，洋葱60克，香菇（水发）30克，酱油、盐、植物油各适量，姜末、白糖、黑胡椒粉各少许

做法

1.牛肉洗净、切片；洋葱、香菇洗净、切丝；西蓝花掰成小朵洗净，焯水备用。

2.锅中倒植物油烧热，下牛肉片炒片刻，加少许洋葱丝、姜末炒香，调入酱油，中火炒10分钟。

3.放剩余的洋葱丝、香菇丝、西蓝花翻炒出香味，加少许清水，中火炖至肉烂菜熟，放盐、白糖、黑胡椒粉炒匀，盛出浇在熟米饭上即可。

贴心·提示 牛肉富含蛋白质、必需氨基酸、铁、锌、磷、维生素A、维生素B$_1$、维生素B$_6$、维生素B$_{12}$等多种营养成分，能为脑发育提供充足的营养。

猪肝豌豆饭仔

材料 大米、猪肝各50克，豌豆20克，酱油、盐各少许

做法

1.豌豆放入滚水中煲5分钟，熟后滤去水分，豌豆放在碗中，用汤匙搓烂，取出豆皮不要，豆蓉留用。

2.猪肝洗净，抹干水，切小粒再剁细，加入酱油、盐搅匀；大米洗净，加入浸过米的清水浸1小时。

3.水适量，放入小煲内煲滚，放入大米及浸米的水煲滚，小火煲成浓糊状的烂饭，放入豆蓉、猪肝及少许盐搅匀，煮至猪肝熟透即可。

蔬果寿司

 材料 热白饭150克，胡萝卜20克，卤香菇30克，黄秋葵10克，猕猴桃、菠萝各50克，白萝卜片、海苔各少许，寿司醋、绿芥末各适量

做法

1.黄秋葵烫过漂凉，寿司醋先煮开待凉后，加入热白饭中拌匀。
2.把胡萝卜、卤香菇、白萝卜、菠萝、猕猴桃制作成长条，用海苔卷起来固定，切成筒状即可，吃时可以抹少许绿芥末。

糯米香菇饭

 材料 猪里脊肉、糯米各100克，鲜香菇50克，虾米、生姜、油、盐、酱油、料酒各适量，色拉油少许

做法

1.将糯米清洗干净，用清水浸泡8小时。
2.把鲜香菇和猪里脊肉切成细丝，虾米泡软。
3.生姜带皮拍软后切成细末。
4.倒少量的色拉油在电饭煲中，接通电源，待油热后放入姜末和猪肉丝，微炒至变色，然后再放入香菇、虾米、酱油、料酒、盐，再把泡发好的糯米倒入锅中，加上清水，蒸熟即可食用。

虾仁蛋炒饭

 材料 米饭150克，豌豆、净虾仁各50克，火腿20克，鸡蛋60克，葱花10克，盐、鸡精、油各适量

做法

1.将火腿切丁；鸡蛋用油炒熟备用；豌豆洗净，煮熟。
2.锅中放油烧热，煸香葱花，放净虾仁炒变色，再放米饭翻炒，加入火腿、豌豆、鸡蛋、盐、鸡精翻炒均匀即可。

咖喱盖饭

材料 米饭60克，咖喱粉5克，牛肉15克，胡萝卜、洋葱、西葫芦各10克，土豆20克，植物油少量

做法

1. 咖喱粉加水后搅拌。
2. 牛肉切成长7毫米大小的方块；胡萝卜、洋葱、土豆去皮后切成1厘米大小；西葫芦切成长7毫米大小的方块。
3. 锅置火上，倒入植物油，然后把牛肉、胡萝卜、洋葱、土豆、西葫芦粒倒入锅中翻炒一段时间后，加入咖喱后煮熟，最后浇到米饭上即可。

香椿蛋炒饭

材料 热米饭250克，蛋清100克，瘦猪肉丝75克，嫩香椿芽125克，花生油20毫升，盐3克，水淀粉适量

做法

1. 瘦猪肉丝放入碗内，加盐、水淀粉、半个蛋清，抓匀上浆。将加剩余的蛋液和盐少许搅匀。嫩香椿芽洗净切丁。
2. 炒锅上火，放花生油烧至四成热，下肉丝滑散捞出。炒锅置火上，放油少许，下肉丝、蛋液和香椿，旺火翻炒均匀，倒入热米饭拌匀，盛入盘内即成。

玉米紫米饭

材料 熟甜玉米、紫米各100克，蜂蜜适量

做法

1. 将紫米泡6小时，捞出，包于屉布中，放入蒸锅中，大火蒸30分钟。
2. 蒸熟的紫米凉凉后盛入碗中，加熟甜玉米、蜂蜜拌匀，压紧实，扣在盘中即可。

美味汤羹粥

紫菜虾皮汤

材料 紫菜（干）、虾皮各10克，鸡蛋60克，料酒、醋、香油、油各适量

做法

1.将紫菜洗净，撕开；鸡蛋磕入碗中，搅成蛋液；虾皮洗净，加料酒浸泡10分钟。

2.锅置火上，放油烧热，随即放1碗水，放入紫菜、虾皮煮10分钟。

3.放入蛋液、醋，略加搅动，蛋熟起锅，淋入香油即可。

鲫鱼汤

材料 鲫鱼400克，葱、五倍子末各适量，生姜、盐各少许

做法

1.鲫鱼去鳞洗净，用剪刀从鱼腹剖开，取净肠杂，冲去血污；生姜切成片状；葱洗净切花。

2.将姜片与五倍子末共同置于布袋中。

3.砂锅置火上，放入布袋和鲫鱼，加水5碗煲煮2小时。

4.然后加入盐调好味，撒上葱花即可。

虾皮蛋羹

材料 虾皮10克，鸡蛋50克，盐适量

做法

将鸡蛋打散；虾皮洗去泥沙与蛋液搅拌均匀，加盐适量，放入蒸锅中蒸熟。

彩丝蛋汤

材料 鸽蛋80克，火腿30克，胡萝卜、黄瓜各10克，高汤、盐各适量

做法

1.将胡萝卜、黄瓜洗净切丝，火腿切丝；鸽蛋煮熟去皮。

2.锅中加入高汤，放入火腿、胡萝卜和黄瓜丝烧开，稍煮。

3.再将蛋放入，煮开，加入少许盐即可出锅。

莲藕苹果排骨汤

材料 苹果200克，鲜排骨100克，莲藕50克，姜、葱、醋、盐各少许

做法

1.鲜排骨和莲藕洗净，切成小块；苹果洗净，切块。

2.将排骨和莲藕放入高压锅中，加入适量清水、姜、葱、盐、醋，煮30～40分钟。

3.然后放入苹果煲几分钟，即可食用。

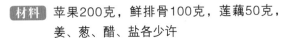

蛤蜊肉汤

材料 蛤蜊100克，清汤、料酒、盐各适量，胡椒粉少许

做法

1.将蛤蜊放入清水中洗净，投入沸汤中焯熟，倒入汤碗中，放入料酒、盐、胡椒粉、清汤。

2.将烫过蛤蜊的汤烧至沸，去浮沫，倒入汤碗中即可。

什锦水果羹

材料 香蕉50克，草莓75克，苹果、桃子各100克，糖桂花（市售）少许，水淀粉少量

做法

1.用刀将香蕉、草莓、苹果、桃子切成小丁。

2.锅内放入适量清水，用旺火烧沸后，加入切好的水果丁，再将其烧沸，之后用水淀粉勾芡，再撒入糖桂花。

米团汤

材料 面粉、柿子椒各30克，米饭25克，胡萝卜10克，清汤、盐少许

做法

1.将米饭和面粉和在一起，揉成米团。

2.将胡萝卜和柿子椒切成小碎块。

3.清汤放入蔬菜同煮，煮熟后加入米团儿煮沸，加盐即可。

冬瓜丸子汤

材料 猪肉馅、冬瓜各150克，蛋清15克，料酒、姜末、姜片、盐、香菜、香油各适量

做法

1.冬瓜削去绿皮，切成厚0.5厘米的薄片；猪肉馅放入大碗中，加入蛋清、姜末、料酒，少许盐搅拌均匀。

2.汤锅加水烧开，放入姜片，调为小火，把肉馅挤成个头均匀的肉丸子，随挤随放入锅中，待肉丸变色发紧时，用汤勺轻轻推动，使之不粘连。

3.丸子全部挤好后开大火将汤烧滚，放入冬瓜片煮5分钟，加入盐调味，最后放入香菜，滴入香油即可。

薏米南瓜汤

材料 绿豆、薏米仁各20克，南瓜50克，白糖适量

做法

1.南瓜洗净，去皮，切成各种形状的小块。

2.锅中放适量清水，放入绿豆和薏米仁同煮。

3.待绿豆酥软后，放入切好的南瓜块，再煮10分钟，加入白糖调味即可。

牛肉蛋花汤

材料 剁碎牛肉100克，西芹20克，鸡蛋50克，西红柿60克，盐、料酒各适量

做法

1.西芹洗净，切成小粒，用开水烫一下；西红柿去皮，切碎；鸡蛋磕入碗中，搅成蛋液。

2.锅置火上，加适量水，放入剁碎牛肉，大火烧开后，改用小火炖，煮熟。

3.煮熟后加入盐调味，然后放入西芹末、西红柿末，待滚烫后淋入鸡蛋液，洒入少许料酒即可。

草莓豆腐羹

材料 米粉20克，豆腐30克，草莓酱15克

做法

1.将豆腐煮熟，捣烂。

2.将米粉加入温开水冲调，再加入煮熟捣烂的豆腐1大匙。

3.最后浇上草莓酱即可。

蜂蜜土豆羹

材料 鲜土豆250克，蜂蜜少许

做法

1.将鲜土豆洗净，切碎。

2.将土豆放入锅中，加入适量清水，煮至稠粥状。

3.服用时加入蜂蜜即可。

牛肉冬瓜羹

材料 牛肉50克，冬瓜25克，葱白10克，豆豉5克，盐、醋各适量

做法

1.牛肉洗净，冬瓜去皮，两者切碎。

2.加水和豆豉、葱白共煮成羹，调入盐、醋即成。

豆腐香菇汤

材料 鸡丁15克，香菇丝10克，豆腐20克，西蓝花汤150毫升，鸡蛋50克，清汤100毫升，盐、水淀粉适量

做法

1.鸡蛋磕入碗中，搅成蛋液；豆腐切丁。

2.锅置火上，放入清汤，煮开后，倒入鸡丁、香菇丝煮至熟，放入豆腐，加入盐调味，水淀粉勾芡煮成稠状。

3.将西蓝花汤煮开，倒入2料内，淋上鸡蛋汁，熄火，盖上锅盖焖至蛋熟即可。

海鲜鸡蛋羹

材料 鸡蛋100克，虾仁、水发海参、净鲜干贝各30克，盐少许

做法

1.将虾仁去沙线、洗净；水发海参去内脏、洗净，切小块。

2.将鸡蛋打入碗中，加盐、温开水打匀，放虾仁、海参、净鲜干贝。

3.蒸锅烧开，将蛋羹碗放入蒸锅，大火蒸10分钟即可。

秋梨奶羹

材料 秋梨150克，牛奶200毫升，米粉10克，白糖适量

做法

1.秋梨去皮、去核并切成小块，加少量清水煮软，白糖调味。

2.兑入温热的牛奶、米粉，混匀即成。

贴心·提示 适合肺虚气喘、咳嗽体弱的宝宝吃。

鱼泥豆腐羹

材料 鱼肉、嫩豆腐各50克，葱花、姜末各适量，盐、淀粉、香油各少许

做法

1.将鱼肉洗净，加入少许盐、姜末，入蒸锅蒸熟后去骨刺，捣成鱼泥。

2.锅置火上，放入适量清水，加入少许盐，煮开后，放入切成小块的嫩豆腐，煮沸后加入鱼泥。

3.加入少许淀粉、香油、葱花，勾芡成糊状即可。

鸡汁玉米羹

材料 罐装玉米羹100克，熟鸡肉30克，鸡蛋25克，鸡汤300毫升，盐、白糖、水淀粉各少许

做法

1. 将鸡蛋打散，熟鸡肉撕碎备用。
2. 将锅置火上，把鸡汤、罐装玉米羹、鸡肉倒入锅中，加适量清水煮熟。
3. 加白糖和盐调味，用水淀粉勾芡后倒入蛋液，轻轻搅动，使蛋液凝固成蛋花即可。

烩菠萝羹

材料 菠萝200克，山楂糕20克，水淀粉、白糖各适量

做法

1. 将菠萝去皮取肉切成丁备用。
2. 锅放到火上，加入水、白糖。
3. 当白糖化汁沸时放入菠萝丁，略滚后，用水淀粉勾芡。
4. 汁沸倒入海碗内，撒上山楂糕丁即成。

金针菇豆腐汤

材料 金针菇100克，豆腐50克，植物油、葱花、酱油、盐、香油、醋、料酒各适量

做法

1. 将豆腐洗净，切成小块；金针菇洗净，去根，对切两半；锅中水开后倒入豆腐汆烫，捞出。
2. 锅置火上，放植物油烧热，放入豆腐，加入料酒用大火炖至表皮出现小洞，然后加水，放入金针菇，加点酱油、盐、几滴醋，用小火炖15分钟。
3. 淋入香油，撒入葱花即可。

豌豆粥

材料 米饭50克，豌豆30克，牛奶100毫升，盐少许

做法

1.将豌豆煮熟，捣碎；米饭加适量水用小锅煮沸。

2.加入牛奶和豌豆，用小火煮成粥，最后加少许盐（也可用糖）调味即可。

小米粥

材料 小米20克

做法

1.将小米淘洗干净。

2.锅置火上，放入小米，加入适量清水，煮沸即可。

山楂橘子羹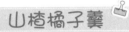

材料 山楂糕、橘子各50克，白糖10克，淀粉少许

做法

1.将橘子剥掉外皮，去籽，切成小块备用；山楂糕切成碎块备用；将淀粉用水调稀备用。

2.将锅置于火上，加入2杯清水烧开，倒入山楂糕煮15分钟。

3.加入橘子和白糖，再次煮开，用水淀粉勾芡即可。

苹果粥

材料 大米20克，苹果200克，葡萄干30克，蜂蜜15克

做法

1.大米洗干净，晾干；苹果洗净后去籽。

2.锅里加10杯水煮开，放入大米和苹果，续煮至滚沸，稍微搅拌，改中小火煮40分钟。

3.煮好后加入葡萄干，吃时加入蜂蜜拌匀即可。

冬瓜粥

材料 鲜冬瓜100克，大米50克

做法

1.鲜冬瓜用刀刮去皮后，洗净切成小块，大米淘洗干净。

2.将冬瓜片与大米一起置于砂锅内，一并煮成粥即可。

南瓜粥

材料 米饭30克，南瓜100克

做法

1.米饭用等量的水煮成黏稠状。

2.南瓜切成2厘米见方的块状，去皮后熬软（或放入微波炉内加热）。

3.用叉子等器具仔细搅拌成泥状。

4.将南瓜泥放在粥碗里，一边搅拌一边喂食。

小米白萝卜粥

材料 白萝卜100克，小米50克，白糖适量

做法

1. 把白萝卜切片，先煮30分钟。
2. 再加入小米同煮。
3. 煮至米烂汤稠时，加入适量的白糖，煮沸即可。

> **贴心·提示** 此粥顺气、健胃，经常食用有利于调节宝宝胃肠功能。

核桃仁稠粥

材料 大米50克，熟核桃仁10克，白糖少许，清水适量

做法

1. 将大米淘洗干净，用冷水泡2个小时左右。
2. 将熟核桃仁放到料理机里打成粉，拣去皮。
3. 将大米、清水倒入锅里，先用大火煮开，再用小火熬成比较稠的粥。
4. 将核桃粉放到粥里，用小火煮5分钟左右，边煮边搅拌，最后加入白糖调味即可。

芝麻杏仁粥

材料 杏仁10克，黑芝麻20克，大米50克，冰糖各适量

做法

1. 将黑芝麻、杏仁、大米洗净，泡在水里，浸涨后捞出备用。
2. 将以上前三种材料一起放入碗内捣烂成糊，放入砂锅，加适量水煮开。
3. 然后用小火炖烂，加入冰糖，煮开即可。

黑芝麻粥

材料 大米50克，黑芝麻10克，白糖适量

做法

1.将黑芝麻洗净，沥干水，用小火炒香倒出放凉，放入钵内捣碎。

2.大米淘洗干净，放入锅中，加适量水，上火煮烂成粥。

3.粥好后加入芝麻、白糖稍煮即可。

玉米牛奶粥

材料 玉米粉50克，牛奶150毫升，红枣25克，奶油、盐各少许

做法

1.将牛奶倒入锅内，加入盐和泡好的红枣，用小火煮开，撒入玉米粉，用小火再煮3～5分钟，并用勺不断搅和，直至变稠。

2.将粥倒入碗内，加入奶油，搅匀，放凉后喂食。

芝麻糯米粥

材料 糯米50克，芝麻10克，核桃少许

做法

1.将糯米用清水浸泡1个小时；核桃切碎。

2.锅置火上，倒入芝麻、核桃，一起炒熟，待凉后用干粉机打成粉。

3.糯米放入锅中，加适量水，煮开后，加入芝麻核桃粉，小火煮1个小时即可。

水果面包粥

材料 面包20克，苹果、桃子、梨各10克

做法

1.将苹果洗净、去皮、去核，切小块，用榨汁机榨汁。

2.桃子与梨洗净、去核、去皮，分别切小块备用。

3.将面包撕成细小的块，放入榨好的苹果汁中，然后一起放入锅内煮一小会儿。

4.将切好的桃子与梨碎块一起放入锅中，再煮片刻即可。

苹果蛋黄粥

材料 苹果100克，熟鸡蛋黄25克，玉米粉适量

做法

1.苹果洗净，切碎；玉米粉用凉水调匀；熟鸡蛋黄研碎。

2.锅置火上，加入适量清水，烧开，倒入玉米粉，边煮边搅动。

3.烧开后，放入苹果和鸡蛋黄，改用小火煮5~10分钟即可。

牛奶蛋黄粥

材料 大米20克，牛奶100毫升，熟蛋黄25克

做法

1.将大米淘洗干净，放入锅中，加适量水，锅置火上，大火煮沸。

2.熟蛋黄用小汤匙背面磨碎。

3.大米煮好后改小火再煮30分钟，再把牛奶和蛋黄加入粥中，稍煮片刻即可。

胡萝卜肉末大米粥

材料 大米200克，胡萝卜200克，肉末50克，胡椒粉少许，盐适量

做法

1.大米淘净，用水浸泡30分钟；胡萝卜削皮，切细丝。

2.肉末加少许胡椒粉和1小匙盐抓匀，挤成丸状。

3.起锅加水，以大火煮沸，转小火，加入胡萝卜丝。

4.待米粒熟软，胡萝卜丝软透，放入肉丸，以中火煮至丸子熟透加盐调味即成。

胡萝卜肉丸粥

材料 大米200克，肉末、胡萝卜各150克，盐适量，胡椒粉少许

做法

1.大米淘洗干净，加适量水以大火煮沸，滚后再转小火煮。

2.胡萝卜削皮，洗净，切细丝，加入粥中。

3.肉末加少许胡椒粉和少量盐拌匀，挤成丸状，待米粒熟软及胡萝卜丝软透再加入粥锅中，以中火煮至丸子熟透，加盐调味即成。

胡萝卜鱼粥

材料 胡萝卜30克，小鱼干适量，白粥100克

做法

1.胡萝卜洗净去皮，切末，小鱼干泡水洗净，沥干备用。

2.将胡萝卜、小鱼干分别煮软、捞出、沥干，在锅中倒入白粥，加入小鱼干搅匀，最后加入胡萝卜末煮滚即可。

猪肝排骨粥

材料 猪肝25克，猪排骨肉50克，大米100克，葱末、蒜末各5克，盐1克，植物油适量

做法

1.猪肝洗净用沸水焯一下，捞出，切丝备用。

2.锅中植物油烧热放入葱末、蒜末炒香，将猪肝丝和猪排骨肉放入锅中烧成半熟。

3.将大米淘洗干净后，放入锅中与猪肝、排骨一同煮熟，最后放入盐调味。

银鱼蛋黄菠菜粥

材料 银鱼45克，白米50克，蛋黄25克，菠菜40克，盐适量

做法

1.白米洗净后加入3杯水浸泡1小时，将浸泡过的白米用小火熬煮。

2.银鱼清洗后切成细末加入白米中熬煮约30分钟后，再加入蛋黄拌匀。

3.将菠菜洗净并切成细末，再放入白米中一起煮，熄火后加盐放凉即可喂食。

羊肝菠菜玉米粥

材料 羊肝、玉米面、菠菜各50克，鸡蛋60克

做法

1.羊肝洗净，切成末；菠菜洗净，切碎。

2.羊肝、菠菜、玉米面一同放入锅中，加适量水煮粥。

3.粥熟后打入鸡蛋调匀即可。

第四章
0～6岁 宝宝特效功能食谱

补锌食谱——促进宝宝发育

用"锌"呵护宝宝成长

锌是人体必需的微量元素，参与人体内许多酶的组成，与DNA、RNA和蛋白质的合成有密切的关系。宝宝缺锌会引起严重的后果，不仅会导致生长发育的停滞，而且会影响宝宝智力和性器官的发育。

如何判断缺锌

1.厌食。缺锌时味蕾功能减退，味觉功能降低，食欲不振，进食减少，消化能力也减弱。

2.生长发育落后。缺锌妨碍蛋白质合成并造成进食减少，影响宝宝生长发育，严重者可患侏儒症。

3.异食癖。有喜吃泥土、墙皮、纸张、煤渣或其他异物等现象。

4.易感染。缺锌者免疫功能降低，易患各种感染性疾病，包括腹泻。

5.皮肤黏膜症状。缺锌严重时，全身皮肤可有各种皮疹等。

要明确是否缺锌，最明智的做法是到医院做个血锌化验，听从医生的诊断。

怎么为宝宝补充锌

喂食母乳。提倡母乳喂养，因为母乳中锌的吸收率高，可达62％。如果条件尚不具备，至少要母乳喂养3个月后，再逐渐改用牛乳或其他代乳品喂养。母乳中又以初乳含锌量最高，平均浓度为血清锌的4～7倍。

添加富锌辅食。据测定，动物性食物的含锌量高于植物性食物，且动物蛋白质分解后所产生的氨基酸能促进锌的吸收，吸收率一般在50％左右。所以，人工喂养的婴儿应从4个月起，开始逐步添加容易吸收的富锌辅食，如蛋黄、花生米粉、核桃仁粉等。

克服偏食习惯。膳食要多样化，少吃精制食品，如精白米、精面等。

宝宝美食餐桌

 清水蛏子汤

 蛏子50克，盐适量

做法

1.把活蛏子放入清水中泡一晚，让蛏子吐净沙子。

2.把水烧开，放入蛏子煮熟，加入适量的盐调味。

西红柿肝末

 猪肝、西红柿各200克，洋葱100克

做法

1.先将猪肝切碎；西红柿去皮、切碎；洋葱切碎。

2.把猪肝、洋葱同时放入锅里，加入水煮。

3.快熟时放入西红柿碎即可。

虾米花蛤蒸蛋羹

材料 花蛤蜊50克，鸡蛋120克，虾米、葱花各5克，黄酒、盐各少许

做法

1.虾米切碎，放在黄酒里浸泡10分钟。
2.花蛤蜊洗净，用开水烫后使壳打开。
3.鸡蛋打散加盐，加虾米和花蛤蜊，加温水，放入葱花，大火急蒸，蒸至结膏后即可。

双豆百合粥

材料 绿豆100克，莲子、大米各50克，鲜百合、赤小豆各30克，冰糖5克

做法

1.绿豆、赤小豆、大米分别洗净，入水中浸泡2小时；鲜百合瓣成瓣洗净；莲子去心，洗净。
2.锅内倒水煮沸，放入绿豆、赤小豆、莲子、大米，先用大火煮沸，再转用小火熬煮，粥将煮好时放入百合煮至粥黏稠，加入冰糖溶化即可。

牡蛎粥

材料 牡蛎30克，猪肉60克，糯米50克，料酒2毫升，盐1克，葱末2克，胡椒粉3克

做法

1.将牡蛎洗净，猪肉切丝。
2.糯米煮至米开时加入牡蛎肉、猪肉丝、料酒、盐一起煮成粥。
3.粥熟后再加入葱末、胡椒粉调匀即可。

西红柿山药粥

材料 西红柿、大米各100克，山药20克，山楂10克，盐、味精各少许

做法

1.将山药润透，洗净，切成片；西红柿洗净，切成橘瓣状；山楂洗净，去核，切成片；把大米淘洗干净，待用。

2.将大米、山药、山楂同放锅内，加水800毫升，加入少许盐。

3.把锅置于旺火上，烧至大开，再转为小火煮上大约30分钟，加入西红柿，再煮10分钟即成，出锅前加味精调味。

海鲜蔬菜粥

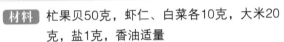

材料 杧果贝50克，虾仁、白菜各10克，大米20克，盐1克，香油适量

做法

1.杧果贝清洗干净，去除外壳和沙袋，取净肉剁碎备用；虾仁去除虾线，剁碎备用；白菜洗净，切成细末备用。

2.大米淘洗干净，放入适量水煮开后不停搅拌，煮成大米粥。

3.大米粥九成熟的时候加入杧果贝碎、虾仁碎和白菜末，继续搅拌至煮熟。

4.最后加入适量盐和香油调味即可食用。

扇贝粥

材料 大米、扇贝各50克，葱、姜末各适量

做法

1.将大米洗净，浸泡半个小时；扇贝洗净（去掉黑色部分）；葱洗净切丝。

2.将大米和扇贝一起放入锅中，放入适量姜末、葱丝，大火煮开，在用小火炖1个小时左右，即可。

肉豆腐丸子

材料 肉馅150克，豆腐50克，青菜20克，鸡蛋60克，姜末少许，盐、淀粉、酱油、香油各适量

做法

1.将搓碎的豆腐和肉馅以及姜末、盐、鸡蛋、酱油、淀粉，加少许水搅成泥状；青菜择洗干净，切成细丝。将豆腐肉泥挤成1.5厘米大小的丸子，摆入盘内。

2.锅置火上，加适量清水，烧沸，放入丸子，再放入青菜丝和盐，最后淋入香油即可。

香甜黄瓜玉米粒

材料 黄瓜100克，甜玉米50克，盐、黑胡椒碎、油各适量，牛奶30毫升

做法

1.黄瓜刷净后切成小丁；取新鲜的甜玉米，用刀取下玉米粒。

2.锅中倒入油，大火加热，待油温五成热时，先放入玉米粒炒1分钟，再放入黄瓜丁，然后撒入盐，翻炒均匀，淋入牛奶，最后加入黑胡椒碎，继续炒30秒，即可出锅。

鸡蛋里脊肉

材料 猪里脊肉200克，鸡蛋60克，盐、香油各少许

做法

1.猪里脊肉洗净，绞成馅。

2.鸡蛋打入碗中，加入和鸡蛋液一样多的凉白开水。

3.加入肉馅，放盐，沿一个方向搅匀，然后上锅蒸15分钟。

4.出锅后淋上香油即成。

奶香薄饼

材料 面粉100克，牛奶100毫升，黄油少许，盐、白糖适量

做法

1.在面粉里加入一些牛奶和水，搅拌成稀面糊，再放入少许盐和白糖。
2.取一个平底锅，将一小块黄油放在锅中用小火熔化。
3.舀一勺面糊入平底锅，改用中火，用勺子摊开成一个薄圆饼，煎至两面微焦即可。

三丝炸春卷

材料 香菇、胡萝卜、猪瘦肉各100克，春卷皮50克，盐、植物油、味精、淀粉各适量

做法

1.将胡萝卜和香菇分别洗净切丝。
2.将猪瘦肉洗净切丝，加入植物油、盐、味精、淀粉拌匀，腌渍10分钟。
3.将香菇丝、胡萝卜丝、肉丝、盐拌匀，制成春卷馅。
4.取春卷皮，包入馅，制成条状，入油锅用温油炸至金黄色即可。

奶酪鸡蛋三明治

材料 原味面包片60克，鸡蛋、熟火腿片、奶酪、西红柿、色拉酱、植物油各适量

做法

1.平底锅小火加热，将原味面包片切去四边，入锅中烤至单面焦黄，取出。
2.锅内倒入少许植物油，将鸡蛋煎成荷包蛋。
3.面包片没有烤过的一面朝上，涂上少许色拉酱，放上熟火腿片、一片横切的西红柿、一片奶酪、荷包蛋，盖上另一片面包片。将三明治切成1.5厘米见方的块。

肉丝炒芹菜

材料 猪肉30克，芹菜100克，盐、味精、酱油、水淀粉、植物油各适量，葱末、姜末各少许

做法

1.将猪肉洗净，切成丝，放入碗中挂水淀粉糊。

2.将芹菜去根、去叶洗净，斜刀切成丝，用沸水焯一下，捞出过凉后沥干水分备用。

3.锅中放植物油烧至七八成热，下葱末、姜末炝锅，放入肉丝煸炒，炒至肉丝发白后加入酱油，随后放入芹菜丝翻炒，炒熟后加入盐、味精即可。

坚果碎苹果泥

材料 苹果100克，熟板栗20克，干果、牛奶各适量

做法

1.将熟板栗剥开，取栗子肉研成粉末备用；取适量干果碾成粉末备用。

2.苹果洗净，去除果皮和果核，切成小块，用搅拌机搅拌成果泥备用。

3.在苹果泥中加入适量牛奶、栗子末、干果末，搅拌均匀即可食用。

牛奶花蛤汤

材料 花蛤300克，鲜奶100毫升，鸡汤150毫升，姜片、干红椒、盐、白糖、胡椒粉各少许，植物油适量

做法

1.将花蛤放入淡盐水中浸泡半个小时，使其吐清污物，然后放入沸水中煮至开口，捞起后去壳；干红椒洗净切成细粒。

2.锅内加入植物油烧热，放入干红椒、姜片爆香，加入鲜奶、鸡汤煮滚后，放入花蛤用大火煮1分钟，加入盐、白糖、胡椒粉调匀即可。

补铁食谱——提高宝宝造血机能

铁在人体中具有造血功能，参与血红蛋白、细胞色素及各种酶的合成，促进生长。铁还在血液中起运输氧的作用。人体缺铁会发生缺铁性贫血、免疫功能下降和新陈代谢紊乱。

宝宝需及时补铁

如何判断缺铁

1.表情严肃，很少微笑。宝宝的表情与体内钙、镁、磷、铁、锌等营养成分的含量有关，缺铁的宝宝很少微笑。

2.脸色蜡黄或苍白，因贫血引起。

3.怕冷。

4.精神萎靡，食欲下降。

5.头发又细又稀。

6.抵抗力较弱。由于含铁血红蛋白是氧的搬运工，一旦缺铁就容易造成供氧不足，进而影响人体的机体免疫力。

宝宝是否缺铁，要到医院进行检查来确诊。

如何给宝宝补充铁

蛋黄补铁。蛋黄是4～6个月宝宝唯一可以添加的富含铁的食物，开始给宝宝吃煮熟的蛋黄最好从1/4个开始，压碎后放入米汤或奶中，调匀后喂，待适应后逐渐增至1/2个。6个月后可添加肝泥、肉末、肉松等。

药剂补铁。贫血的宝宝食欲会受到影响，所以发现宝宝贫血以后，建议妈妈首先请医生用药物帮助纠正宝宝的贫血，并严格遵照医嘱用药，不能过量补充铁剂，否则容易导致中毒，甚至危及生命，也不宜擅自购买补血铁剂给宝宝食用。

食物补铁。食物中含铁量较高的是海带、紫菜、黑木耳、猪肝、菠菜等，其次是豆类、蛋类、芹菜等。含丰富维生素C的新鲜水果汁有利于促进宝宝对铁的吸收，可以多给宝宝喂一些橘子汁。

宝宝美食餐桌

菠菜蛋黄泥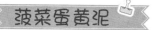

材料 菠菜叶20克，水煮蛋黄25克，鲣鱼粉少许

做法

1.菠菜叶洗净余烫后切碎，放入小锅中加水1杯，加入鲣鱼粉一起煮软，取出磨成泥。

2.水煮蛋黄磨成泥。

3.菠菜泥装盘，撒上蛋黄泥，拌匀即可。

芝麻花生糊

材料 黑芝麻、花生仁（连衣）各100克，白糖15克

做法

1.将黑芝麻、花生仁均洗净，放入炒锅中，炒熟，研成粉末。

2.每次各取15克，加入热开水120~150毫升，调成糊状。

3.加入白糖调味即可。

猪肝菠菜汤

材料 猪肝100克，菠菜150~200克，姜片、盐各适量

做法

1.将猪肝切片，菠菜去根、切段。

2.锅内水烧开放适量姜片及盐，放入猪肝片和菠菜，煮到水沸肝熟即可。

樱桃羹

材料 樱桃、藕粉各50克，冰糖25克

做法

1.将樱桃去蒂、去核、洗净，切成小粒。

2.锅内加入适量水，放入樱桃粒、冰糖，用小火煮1小时，加入藕粉，再烧煮片刻至黏稠状即可。

苋菜豆腐汤

材料 豆腐250克，苋菜400克，水发海米20克，蒜10克，植物油20毫升，盐、味精各适量

做法

1.将苋菜清洗干净，切成段，放开水中焯一下，捞出沥干。

2.将水发海米切末；豆腐切成小块；蒜捣成泥。

3.将炒锅上火，倒入植物油，油热后下入蒜泥，煸出香味后下海米末和豆腐块，加少许盐焖1分钟。

4.再加水和适量盐，用小火将汤烧开，最后下入苋菜一滚即离火装盆，上桌前加味精调味即成。

菠菜枸杞粥

材料 菠菜20克，枸杞5克，大米50克，盐、香油各少许

做法

1.将菠菜去杂，洗净，放入开水锅中略微焯烫，捞出，切小段；大米淘洗干净。

2.将大米、枸杞放入砂锅，加适量清水，置火上，大火煮沸后，改用小火煨煮，待大米软烂，放入菠菜，搅拌均匀，加入盐调味，淋入香油，搅拌均匀即可。

紫菜鱼卷

材料 净草鱼肉200克，猪肉100克，蛋清15克，方形紫菜、水淀粉、料酒各适量，盐2克

做法

1.将净草鱼肉和猪肉剁成肉泥，放入碗中，加入蛋清、水淀粉、料酒、盐搅拌成馅。

2.在方片紫菜上均匀抹上肉泥，卷成卷，放在盘子内上笼蒸熟，食时切片即成。

红烧带鱼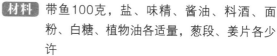

材料 带鱼100克，盐、味精、酱油、料酒、面粉、白糖、植物油各适量，葱段、姜片各少许

做法

1.将带鱼去头，开膛去内脏洗净，斩成小段。

2.将带鱼段蘸面粉下植物油锅煎至金黄色，再加入适量清水、料酒、酱油、葱段、姜片、白糖，烧至汤汁浓稠入味时再加入盐、味精即可。

豆腐山药猪血汤

材料 猪血、豆腐各50克，鲜山药20克，姜末、葱花、盐、鸡精各适量

做法

1.将猪血和豆腐切块，鲜山药去皮，洗净切片备用。

2.将锅置火上加入水、鲜山药、姜末和盐，待水开后5分钟再加入豆腐和猪血。

3.20分钟后加入葱花、鸡精，煮3分钟即可。

补钙食谱——让宝宝骨骼更强化

钙是人体内含量最大的矿物质。钙不仅是构成骨骼组织的主要矿物质成分，而且在机体各种生理和生物化学过程中起着重要作用。宝宝在整个婴幼儿时期，由于身体的快速发育需要吸收大量的钙质，缺钙容易引起佝偻病。

科学合理地给宝宝补钙

如何判断缺钙

不易入睡、易惊醒，盗汗多；抽筋，胸骨疼痛，"X"型腿、"O"型腿，鸡胸，指甲灰白或有白痕；厌食、偏食；白天烦躁、坐立不安；智力发育迟、说话晚、学步晚、出牙晚；头发稀疏。

如何补钙

多晒太阳。人皮肤中的7-脱氢胆固醇经阳光中的紫外线照射后，能生成维生素D_3，可以增进钙在肠道中的吸收。宝宝需要经常到户外晒太阳，可以促进体内维生素D的合成。

喂食鱼肝油。目前使用最普遍的维生素D制剂就是浓缩鱼肝油"伊可新"。有两种"伊可新"，分别是1岁以内的和1岁以上的，开始是两天一粒，随着宝宝的长大，看季节情况，可以转为每天一粒。超过1岁，换1岁以上的，一直补到2岁，如果宝宝满2岁在冬季，可适当延长些。由于过量服用鱼肝油会给宝宝的身体带来危害，所以最好在医生指导下科学服用。

饮食补充。多喂食含钙丰富的食物，如鱼、虾皮、海带、紫菜、豆制品以及鲜奶、酸奶、奶酪等奶制品，蔬菜中的黄花菜、胡萝卜、小白菜、小油菜等。另外，鸡蛋中含钙也较高。多给宝宝吃含维生素D丰富的食物，如蛋黄、动物肝泥等。

在补钙的同时要注意让宝宝少吃不利于钙吸收的食物，如竹笋、菠菜、苋菜，这些蔬菜草酸含量高，可将钙结合为难溶解的草酸钙而影响吸收。

宝宝美食餐桌

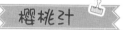 樱桃汁

材料 熟透樱桃100克

做法

1.将樱桃洗净，去核、去蒂。

2.锅置火上，放入樱桃，加水，用小火煮15分钟左右。

3.将锅中樱桃搅烂，倒入水杯内，取汁晾凉后喂食。

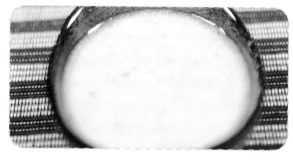

鱼菜米糊

材料 米粉（或乳儿糕）、鱼肉、青菜各25克，盐1克

做法

1.将米粉酌加清水浸软，搅为糊，入锅，旺火烧沸约8分钟。

2.将青菜、鱼肉洗净后，分别剁泥共入锅中，续煮至鱼肉熟透，加盐调味后即成。

蛋花豆腐羹

材料 鸡蛋60克，南豆腐150克，骨汤150毫升，葱末5克，盐1克

做法

1.鸡蛋打散；南豆腐捣碎；骨汤煮开。

2.锅内下入南豆腐小火煮，加入盐进行调味，并洒入蛋花，最后点缀小葱末。

桃仁牛奶羹

材料 核桃仁20克，牛奶100毫升，白糖5克

做法

1.将核桃仁放入温水中浸泡5分钟，取出后剥皮捣碎。

2.锅中放入牛奶、核桃仁末，煮沸后放入白糖，待温时即可食用。

虾皮肉末青菜粥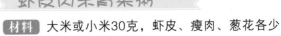

材料 大米或小米30克，虾皮、瘦肉、葱花各少许，青菜10克，植物油、酱油各适量

做法

1.分别将虾皮、瘦肉洗净，切碎；青菜切成丝。

2.放植物油入锅加热后，下肉末煸炒，再放虾皮、葱花、酱油炒匀。

3.添入适量水烧开，然后放入大米或小米，煮至熟烂，再放青菜丝煮片刻即成。

鲜虾蛋粥

材料 米饭80克，鸡蛋60克，虾仁、菠菜各50克，葱花、盐、胡椒粉各少许

做法

1.将米饭煮成稀粥；菠菜切段；鸡蛋磕入碗中，搅成蛋液。

2.把菠菜与虾仁加入粥中煮沸，用盐、胡椒粉调味。

3.最后倒入蛋液，撒上葱花即可。

奶汁西蓝花虾仁

材料 西蓝花、虾仁各50克，奶酪片少许，蔬菜高汤25毫升，牛奶20毫升

做法

1.西蓝花洗净、切小朵；虾仁去肠泥、洗净，放入滚水汆烫至变色，捞出沥干。

2.蔬菜高汤与牛奶倒入锅中，以小火煮至温热后，加入奶酪片拌煮至完全融化。

3.再放入西蓝花与虾仁拌匀，倒入小烤碗中，放入预热好的烤箱，用180℃烘烤15分钟即可。

黄豆炖排骨

材料 黄豆250克，猪排骨500克，姜、盐各适量

做法

1.将黄豆去杂洗净，下锅煮熟；猪排骨洗净，砍成小块。

2.锅内注入适量清水，加入排骨、姜，大火烧沸后，改用小火炖，加入盐、黄豆，炖至肉熟烂入味即可。

香香骨汤面

材料 牛胫骨或脊骨200克，龙须面5克，青菜50克，盐1克，米醋少许

做法

1.将牛胫骨或脊骨砸碎，放入冷水中用中火熬煮，煮沸后酌加米醋，继续煮30分钟。

2.取骨汤，将龙须面下入骨汤中，将洗净、切碎的青菜加入汤中煮至面熟。

3.加盐调味即成。

迷你鱼肉汉堡

材料 吐司面包60克，鱼肉、樱桃番茄各30克，绿叶生菜50克，宝宝奶酪10克，果酱5克

做法

1.将吐司面包的硬边切掉，用模具压成对称的片。

2.绿叶生菜洗净，切丝；鱼肉煮熟，切成末备用。

3.取1片面包加上宝宝奶酪，涂抹少许果酱，加上生菜丝和少许鱼肉，再盖上一片面包，点缀上樱桃番茄即可。

黄花菜瘦肉汤

材料 猪瘦肉300克，黄花菜80克，红枣25克，盐2克

做法

1.将猪瘦肉洗净，切成小块，备用。

2.黄花菜洗净，红枣去核洗净，同猪瘦肉一起放入煲中煮至熟烂，加盐即可饮汤食肉。

西红柿海带汤

材料 海带250克，西红柿100克，柠檬50克，鸡汤（骨头汤）600毫升，辣油、盐各少许，奶油适量

做法

1.将海带洗净，切丝；柠檬、西红柿挤汁待用。

2.炒锅置火上，放入鸡汤（骨头汤），加入海带丝，烧煮5分钟，放奶油、辣油、柠檬汁、西红柿汁、盐，煮开后盛入汤碗内即可。

黄豆煲大骨

材料 猪大骨150克，泡黄豆70克，枸杞子、生姜、葱各5克，盐、味精、绍酒各少许，胡椒粉、鸡粉各2克，植物油、清汤各适量

做法

1.猪大骨砍成块，泡黄豆洗净，枸杞子泡透，生姜去皮、切片，葱切段。

2.锅内水开时投入猪大骨，用中火煮净血水，捞起洗净。

3.放植物油入锅加热，下姜片、葱段炒香，加入猪大骨、黄豆、枸杞子、绍酒翻炒。

4.加入清汤，用小火煲50分钟，捞出葱段，调入盐、味精、胡椒粉、鸡粉，再煲10分钟即可。

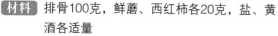
西红柿鲜蘑排骨汤

材料 排骨100克，鲜蘑、西红柿各20克，盐、黄酒各适量

做法

1.将排骨洗净，用刀背拍松，再敲断骨髓，切成1.5厘米长的小段儿，放入碗中加黄酒、盐腌15分钟。

2.将鲜蘑洗净去根，切成小块，用沸水焯一下，断生即可，过凉后沥干水分备用。

3.西红柿洗净，用沸水焯一下，剥皮后切成小块。

4.锅内加入适量清水烧沸，放入排骨、黄酒稍煮一会儿，撇去浮沫，将排骨煮至熟烂，加入鲜蘑块、西红柿块，再煮至熟烂加盐即可。

补维生素食谱——促进宝宝新陈代谢

维生素是宝宝生长和代谢所必需的营养素，分为脂溶性维生素和水溶性维生素两类。前者包括维生素A、维生素D、维生素E、维生素K等，后者有B族维生素和维生素C等。宝宝缺乏维生素时不能正常生长发育，并容易发生特异性病变。

聪明宝宝必需的维生素

维生素A

维生素A的来源有两方面：一是植物中的类胡萝卜素，它们存在于有色蔬菜及黄色水果中；二是存在于动物肝脏等动物性食品中。

维生素D

含维生素D_3的食物有肝、蛋黄、乳类，含维生素D_2的食物有植物油。仅靠从自然食物中摄入维生素D是不够的，弥补的方法是服用强化奶，或合理地将婴儿皮肤暴露于阳光下晒或正确地添加鱼肝油。

维生素E

维生素E在自然界中分布广，如植物种子、小麦、黄豆、棉籽、玉米、花生和芝麻的油中都含丰富的维生素E。母乳中的维生素E含量较牛初乳高10倍。

维生素K

正常情况下肠道细菌可以合成维生素K_2，维生素K_1则大量存在于绿叶蔬菜、动物肝脏、鱼肉中。

维生素B_1

谷物的胚糠麸、酵母、硬果、豆类、蛋黄及瘦肉、芹菜叶、莴苣叶中均含有较高的维生素B_1。其他蔬菜及水果中含量不高。

烟酸

烟酸广泛存于自然界，以肝脏、瘦肉、鱼、酵母及绿叶蔬菜中含量较多。谷物中烟酸主要存在于谷胚中。

维生素B_{12}

植物中仅见于发芽的豆类和马铃薯。膳食中维生素B_{12}的来源是动物性食物，如肉、肉制品、蛋、内脏、海产品。乳及乳制品中含量较少。

维生素C

广泛存在于新鲜水果、蔬菜和植物叶子中，柑橘、鲜枣、山楂、西红柿、辣椒、豆芽、猕猴桃及番石榴中含量丰富。

宝宝美食餐桌

 萝卜鱼泥

材料 无刺鱼肉片50克，白萝卜、胡萝卜各10克，盐2克

做法

1.把无刺鱼肉片煮软，去皮、捣烂；白萝卜、胡萝卜分别洗净，均捣成泥。

2.小锅中倒入准备好的白萝卜泥、胡萝卜泥及2杯清水，捣烂鱼肉，用小火煮至黏稠状，加盐调味即可。

 三味水果汁

材料 猕猴桃、芒果、荔枝、蜂蜜各适量

做法

1.把猕猴桃，芒果，荔枝切成丁。

2.放入榨汁机榨成汁，加入蜂蜜后即可饮用。

贴心·提示 猕猴桃虽然含有丰富的维生素C，但性寒，不宜多食。

 黑豆糙米浆

材料 糙米50克，黑豆、冰糖各10克

做法

1.将黑豆和糙米洗净，浸泡于足量的清水中约4小时，充分洗净后沥干水分备用。

2.将黑豆及糙米放入果汁机内，加入凉开水搅打均匀，透过细滤网滤出纯净的黑豆糙米浆，再倒入锅中，以小火加热并不断搅拌至沸腾，加入冰糖搅拌至糖溶化后熄火，待降温后即可食用。

杏脯甜蛋羹

材料 杏脯100克，鸡蛋60克，盐1克，炼乳15克

做法

1.将鸡蛋打散成蛋液，加入适量水和盐搅拌均匀，放入微波炉高火5~7分钟制成蛋羹。

2.将蛋羹打散，放入杏脯搅拌均匀，淋入炼乳即可。

菠菜鸡蛋小米粥

材料 菠菜100克，蛋液60克，小米15克

做法

1.将菠菜去除黄叶，连根洗净后，放入滚水中汆烫，待凉后切成数段，盛入碗中备用。

2.将小米放入锅中，煮沸25分钟，然后打入蛋液。

3.将菠菜放入蛋液小米粥中即可。

青菜粥

材料 大米100克，油菜20克，盐适量

做法

1.将油菜去根部，用清水洗净，放入沸水锅中煮熟，捞出沥干，切成末；大米洗净，用清水浸泡2小时。

2.锅置火上，倒入适量清水，放入大米，大火煮沸后转小火熬煮30分钟，待大米熟烂后加入盐及切碎的油菜末，转大火再煮5分钟即可。

什锦粥

材料 鸡肉末、羊肉末、胡萝卜各30克，香菇、芹菜各20克，粥100克，盐、香油各适量

做法

1.香菇、芹菜及胡萝卜切丁。

2.将鸡肉末、羊肉末、香菇丁、胡萝卜丁放入粥中煮熟后，再加适量盐调味。

3.起锅后，撒上芹菜，淋上香油即可。

什锦青菜

材料 胡萝卜80克，青花菜、青椒、红椒、豌豆夹、花椰菜、蘑菇各50克，大白菜100克，蒜、鱼露各10克，蚝油20克，植物油适量

做法

1.把所有的青菜洗净后，切成小块。

2.用中火把植物油烧热，爆香蒜。

3.加入青菜和水一起炒熟，然后加入鱼露、蚝油调味即可。

橘皮粥

材料 鲜橘皮25克，粳米50克

做法

1.鲜橘皮切成块。

2.与粳米共同煮熬，待粳米熟后食用。

 清炒三丝

材料 土豆80克，胡萝卜50克，芹菜、葱、姜、盐、醋各少许，淀粉5克，花椒油、植物油各适量

做法

1.将土豆、胡萝卜和芹菜洗净后切成丝状，用沸水焯烫，变色即捞出，用凉水冲凉，然后沥去水分备用。

2.葱、姜切末，锅中加植物油，烧热后用葱末、姜末炝锅，下焯好的三丝用旺火急速翻炒，烹醋、加盐、淀粉勾少许芡，淋花椒油出锅即可。

大杏仁蔬菜沙拉

材料 大杏仁50克，圣女果200克，话梅少许，荷兰豆250克，盐5克，橄榄油适量

 做法

1.圣女果对半切开。

2.锅中倒入水，大火加热至水沸腾后，调入盐，放入荷兰豆，即可关火，20秒钟后捞出，放入冷水中浸泡。

3.将荷兰豆沥干水分倒入大碗中，放入圣女果和话梅，调入盐和橄榄油，搅拌均匀，最后倒入大杏仁即可。

什锦沙拉

材料 苹果80克，橙子100克，猕猴桃25克，香蕉50克，小西红柿100克，沙拉酱适量

 做法

1.苹果、香蕉、橙子均切成小块，放入碗中；猕猴桃去皮、切片；小西红柿对切开。

2.淋上沙拉酱，拌匀即可。

胡萝卜土豆泥小饼

材料 胡萝卜、土豆各100克，葱花少许，植物油、盐各适量

做法

1.将胡萝卜和去皮的土豆蒸烂，压成泥，在里面加入葱花和盐拌匀。

2.然后放入加热的植物油平底锅中烙成煎饼即可。

韭菜炒鸭蛋

材料 韭菜250克，鸭蛋80克，料酒少许，胡椒粉2克，盐2克，味精1克，植物油适量

做法

1.将鸭蛋打入碗内，加料酒、胡椒粉搅匀，去腥味；韭菜择好，洗净，切段。

2.锅置火上，加入植物油烧热后，放入蛋液，翻炒几下，倒出。

3.锅内倒油烧热，将韭菜段放入锅中，加盐，翻炒均匀，炒至八成熟时，加入鸭蛋翻炒几下，加入味精即可。

一锅炖

材料 茄子、土豆、芸豆、西红柿、胡萝卜、瘦肉各30克，植物油、盐各适量

做法

1.茄子、土豆、芸豆、西红柿、胡萝卜、瘦肉均洗净切成块。

2.锅中放植物油热后，倒入所有的材料爆炒。

3.加入少许水，小火将所有材料炖烂，出锅时加入盐即可。

彩果煎蛋饼

材料 鸡蛋、猕猴桃各50克，面粉100克，樱桃、黄桃（罐装）各20克，花生碎110克，炼乳少许，植物油适量

做法

1.将鸡蛋打散，加入面粉和适量水调制成面糊，猕猴桃、樱桃、黄桃洗净切成宝宝适口的小丁。

2.平底锅中放入植物油，油温五成热时倒入面糊，摊成饼状盛出。

3.在蛋饼的中间卷上水果丁，然后淋入炼乳，撒上花生碎即可。

时蔬寿司卷

材料 小黄瓜100克，胡萝卜30克，方火腿20克，米饭适量，白糖10克，白醋5毫升，盐1克，紫菜、橄榄油、香油各少许

做法

1.将小黄瓜洗净，切成细条；胡萝卜洗净，切丝，用橄榄油拌匀；方火腿切成细条；米饭中放入白糖、白醋、盐和香油拌匀。

2.将竹帘铺在案板上，再依次放上紫菜、米饭，把米饭平铺在紫菜上，压实后放上黄瓜、胡萝卜和方火腿，用竹帘卷起压紧后，切成小段即可。

蒜香蒸茄

材料 茄子100克，大蒜10克，香油、盐各适量

做法

1.茄子洗净切块，大蒜去皮后剁成泥。

2.茄子放入碗中，上面铺蒜泥，再淋上香油，加盐调味。

3.待水开后，上蒸锅蒸30分钟即可。

明目食谱——保护宝宝视力发育

五类食物 "营养"宝宝的眼睛

富含维生素A的食物

富含维生素A的食物，可预防结膜和角膜发生干燥和退变，防治"干眼病"，增强眼睛对黑暗环境中的适应能力，严重缺乏维生素A时容易患夜盲症。如果眼角膜干燥，容易被细菌侵入，发生溃疡，甚至造成穿孔、失明。

宝宝的眼睛正在发育中，妈妈在饮食上要注意为宝宝提供富含维生素A的食物。富含维生素A的动物性食物有猪肝、鸡肝、蛋黄、牛奶和羊奶等，植物性食物有胡萝卜、菠菜、韭菜、青椒、红心白薯以及橘子、杏、柿子等。但宝宝通常不喜欢吃韭菜、胡萝卜、肝脏等食物，妈妈应巧妙制作，吸引宝宝，保证维生素A的摄取。

富含钙的食物

0～3岁的宝宝每天需要400～800毫克的钙。如果宝宝缺钙，会使神经肌肉兴奋性增高，眼肌处于高度紧张状态，由此增加眼球的压力，时间一久就会影响视力发育。所以，饮食上应该多给宝宝提供富含钙的食物，如瘦肉、奶类、蛋类、豆类、鱼和虾、海带、蔬菜、柑橘、橙子等。

富含核黄素的食物

核黄素也就是维生素B$_2$，它是保证眼睛的视网膜和角膜正常代谢和发育的营养素。富含核黄素的食物有牛奶、干酪、瘦肉、蛋类、酵母和扁豆等，妈妈应注意为宝宝在饮食上安排。

碱性食物

体内环境偏酸时，会使角膜、巩膜以及具有调节眼睛疲劳的睫状肌的弹性和抵抗力下降，容易形成近视和弱视。如果多吃一些碱性食物，就会改善体内的偏酸环境，由此解除眼部的疲劳。碱性食物包括苹果、柑橘、海带及豆角、青椒、菠菜、芹菜等新鲜蔬菜。

富含铬的食物

当人体内铬含量下降时，胰岛素的作用明显降低，使血浆的渗透压上升，导致眼的晶状体和眼房内渗透压也发生变化。结果促使晶状体变凸，屈光度增加，从而造成弱视、近视。

从天然食物中，如糙米、玉米、红糖等，就可以摄取到人体所需的铬。此外，铬在瘦肉、鱼、虾、蛋、豆角、萝卜中也有一定的含量。

宝宝美食餐桌

 南瓜香椰奶

 材料 小南瓜150克，椰奶200毫升，奶50毫升

做法

1.小南瓜表皮洗净后擦干水分，去籽，切小块后放入电饭锅中，以外锅240毫升水蒸熟。

2.取50克蒸熟的南瓜放入果汁机内，加入椰奶、奶搅拌均匀即可。

贴心·提示 南瓜里面含有丰富的胡萝卜素，时常喂食小宝宝，可使宝宝肌肤气色变好，使宝宝眼睛更明亮，并且让身体更健康。

 蒸肝鸡蛋羹

材料 猪肝100克，鸡蛋100克，盐2克，味精1克，香油3毫升

做法

1.将猪肝去掉筋头，除去靠近苦胆的部分，冲洗干净，切成薄片备用。

2.锅内加入适量冷水，烧沸后放入猪肝片。

3.煮至八成熟时捞出，沥干水分。

4.鸡蛋打入碗内，用筷子搅匀，加入适量水、盐、味精拌匀。

5.然后把猪肝放入，上笼蒸熟，淋入香油即可。

枸杞肉丝

材料 枸杞子、瘦肉各100克，青笋10克，植物油、盐、酱油各适量

做法

1. 瘦肉切丝，用盐、酱油腌制5分钟，青笋也切丝。
2. 锅内倒入植物油，油热后下入瘦肉爆炒。
3. 加入枸杞子、青笋翻炒，用盐调味即可。

碎肝炒青椒

材料 鲜猪肝50克，青椒25克，植物油、盐、葱末、姜末各少许

做法

1. 鲜猪肝切小丁加入盐、葱末、姜末拌匀，青椒切小丁备用。
2. 热锅放植物油，加猪肝小丁煸炒，待八成熟后放入青椒丁再炒片刻。

蜜汁双珠

材料 白梨、胡萝卜各300克，白糖100克，蜂蜜25克，香油、玉米淀粉各10克

做法

1. 将白梨去皮，胡萝卜去皮，分别洗净，用挖球器分别挖成圆球。
2. 锅内加水，放入白糖、蜂蜜熬开。
3. 下入胡萝卜球、梨球，用中火熬浓。
4. 用玉米淀粉勾薄芡，淋入香油出锅装盘即成。

贴心·提示 如没有挖球器，可用刀。"双珠"做成核桃大小即可。水不可多放，成品菜以芡汁裹匀原料为宜，不要有太多汤汁。

 清炒苦瓜

材料 苦瓜200克，小葱、盐、味精、白糖、香油、植物油各适量

做法

1.先将苦瓜洗净，纵向一剖为二，形成两根半圆柱形。

2.将剖为一半的苦瓜反扣在砧板上，然后用刀将它切成片，一定要斜切，越斜越好，以至苦瓜的皮和肉基本上在一个平面上。

3.小葱切成段，待用。

4.将葱段放入植物油锅内爆香，下入苦瓜，迅速翻炒，与此同时，加入盐、白糖，约炒1分钟后，加入味精，翻炒半分钟熄火，淋上少量香油，装盘即成。

 枸杞青笋肉丝

材料 猪瘦肉200克，青笋100克，枸杞子50克，花生油100毫升，盐6克，香油4毫升，白糖4克，味精3克，干淀粉5克，绍酒、酱油各适量

做法

1.枸杞子洗净，待用。

2.猪瘦肉洗净，片去筋膜，切成细丝。

3.青笋择洗干净，切成细丝。

4.炒锅烧热，用油滑锅，再放入花生油，将肉丝、笋丝同时下锅滑散，烹入绍酒，加入白糖、酱油、盐、味精搅匀。

5.再投入枸杞翻炒片刻，用干淀粉勾薄芡，淋入香油，推匀即可。

贴心·提示 枸杞子能滋肝补肾、明目抗衰；猪肉能强壮身体，再配以营养丰富的青笋，可明目健身。

洋葱煎猪肝

材料 猪肝400克，炸土豆条280克，洋葱50克，菜心250克，盐5克，味精2克，胡椒粉3克，辣酱油、姜各10克，老汤50毫升，黄油20克，植物油适量

做法

1.菜心择去老叶，用水洗干净。

2.洋葱切成细丝；姜切成片。

3.猪肝洗净，剔去筋皮，切成薄片。

4.锅内植物油烧热，投入猪肝煎至变色，盛出。

5.洋葱入锅炒黄，调入辣酱油，再放入煎好的猪肝、姜片和炸土豆条，加入黄油和盐、味精、胡椒粉、老汤，加热片刻即成。

菊花羊肝汤

材料 鲜羊肝400克，鲜菊花、鸡蛋、猪油（炼制）各50克，豆粉（蚕豆）20克，生姜、大葱、枸杞子、熟地黄各10克，盐2克，胡椒粉、味精各1克，香油、料酒各适量

做法

1.鲜羊肝洗净片去筋膜，切成薄片；鲜菊花用清水洗净；枸杞子用温水洗净；熟地黄用温水冲洗1次；生姜洗净切成薄片；大葱切成葱花。

2.鸡蛋去黄留清，用豆粉调成蛋清豆粉，用盐、料酒、蛋清豆粉将羊肝片浆好。熟地黄用清水熬2次，每次收药液50毫升。

3.锅内加猪油烧至六成热时，下姜片煸出香味。注入清水约1 000毫升，再放入地黄药汁、胡椒粉、盐、羊肝片，煮至汤沸。

4.用筷子轻轻将肝片拨散，随即下枸杞、菊花瓣，放味精调味，撒上葱花，起锅装入汤盆，淋上香油即成。

拌海带丝

材料 水发海带100克，姜、蒜、酱油、盐、白糖、料酒、香油、五香粉、香菜各适量

做法

1.水发海带洗净，切成细丝，放到盆里；姜洗净，切成细末；蒜去皮，洗净，切成末。

2.将海带丝放入盘内，加入酱油、盐、白糖、五香粉、姜末、蒜末、料酒拌匀。

3.入味后取出，控干水分，再放香油拌匀，加香菜点缀即可。

贴心·提示 妈妈在购买海带时，千万不要买颜色鲜艳、质地脆硬的海带，这种海带是经化学加工过的。

蘑菇什锦包

材料 鲜蘑100克，胡萝卜150克，香菇、荸荠、冬笋、腐竹、黄瓜各50克，木耳25克，香油25毫升，面粉500克，花生油、姜末、料酒、白糖、盐、碱水各适量

做法

1.黄瓜、胡萝卜洗净切成丝；鲜蘑、冬笋洗净切成片，放入开水锅中余一下捞出，挤干水分，剁碎。

2.荸荠去皮，洗净，切成丁；木耳、香菇用温水泡好后剁碎；腐竹浸泡后剁碎。

3.腐竹、冬笋、鲜蘑、胡萝卜、荸荠、木耳、香菇一起放入盆内，加入花生油、香油、料酒、白糖、姜末、盐搅拌均匀，临包时再放入黄瓜丝拌匀。

4.面粉发好后加入碱水和白糖揉透，揪20个面团，按扁，擀成面皮，包成包子，用旺火蒸10分钟即熟。

健脑益智食谱——给宝宝聪明大脑

宝宝健脑益智的好帮手

卵磷脂，促进大脑发育

卵磷脂集中存在于神经系统、血液循环系统、免疫系统及心、肝、肺、肾等重要器官。卵磷脂对大脑及神经系统的发育起着非常重要的作用，是构成神经组织的重要成分，有"高级神经营养素"的美名。对处于大脑发育关键时期的宝宝来说，卵磷脂是非常重要的益智营养素，必须保证有充足的供给。

大豆、蛋黄、核桃、坚果、肉类及动物内脏等食物，都是给宝宝补充卵磷脂的良好食材。大豆制品中含有丰富的大豆卵磷脂，不仅能为宝宝的大脑发育提供营养素，而且会保护宝宝的肝脏。蛋黄中卵磷脂和蛋白质含量都很高，不仅能促进宝宝脑细胞的发育，而且为宝宝身体发育提供了必需的重要营养素。

DHA、ARA，宝宝聪明不能少

DHA，学名二十二碳六烯酸，俗称"脑黄金"，对脑神经传导和突触的生长发育有着极其重要的作用。ARA学名花生四烯酸，是构成细胞膜的磷脂中的一种脂肪酸，与脑部关系特别密切，关系到宝宝的学习及认知应答能力。

● 如何补充DHA、ARA呢？

1.坚持母乳喂养。母乳中含有均衡且丰富的DHA和ARA，可以帮助宝宝大脑最大限度地发育。

2.膳食补充。对于宝宝的辅食，妈妈应注意多选择含DHA和ARA的食物，如深海鱼类、瘦肉、鸡蛋及猪肝等。值得注意的是，DHA和ARA易氧化，最好与富含维生素C、维生素E及β–胡萝卜素等有抗氧化作用的食物一同食用。

宝宝美食餐桌

核桃白糖汁

 材料 核桃仁100克，白糖30克

做法

1.将核桃仁放入温水中浸泡5~6分钟后，去皮。

2.用多功能食品加工机磨碎成浆汁，用干净的纱布过滤，使核桃汁流入小盆内。

3.把核桃汁倒入锅中，加适量清水（或者牛奶），加入白糖烧沸即可。

核桃牛奶

 材料 核桃仁50克，牛奶、豆浆各100毫升，蜂蜜25克

做法

1.将核桃仁磨成粉末状，放入牛奶和豆浆中搅匀。

2.倒入蜂蜜，加热煮沸即可。

> **贴心·提示** 本菜具有强壮体质的作用，但有腹泻的宝宝不宜食用。

鳕鱼粥

 材料 鳕鱼50克，大米60克，鲜牛奶500毫升（或配方奶粉50克），青豆适量

做法

1.鳕鱼洗净切丁，备用。

2.锅内放适量的清水，放入大米和青豆同煮；水沸腾后放入鳕鱼丁，转小火熬粥。

3.粥快熟时放入鲜牛奶（或调入奶粉）再次沸腾后熄火即可。

腰果青豆糊

 腰果35克，青豆100克，土豆90克，奶90毫升，味噌酱适量

做法

1.青豆洗净，沥干；土豆洗净，去皮，切小丁。

2.水煮开，放入青豆、土豆丁和腰果煮沸，然后改小火煮到熟透，关火，加入奶和少许味噌酱拌匀。

3.待稍凉，放入果汁机中打成浓汤糊即成。

核桃粥

 粳米、核桃仁各30克，莲子、山药各15克

做法

1.将核桃仁捣碎备用；粳米淘净备用。

2.莲子去心；山药洗净去皮，切小块备用。

3.锅中加适量清水，放入全部材料煮至米烂粥稠即可。

肉丝豆腐干蒜苗

 蒜苗200克，猪肉、香干豆腐各50克，植物油、姜丝、酱油、盐各少许

做法

1.将猪肉洗净，切成丝；蒜苗择洗好，切成3厘米长的段；香干豆腐切成丝。

2.锅置火上，放植物油烧热，下蒜苗翻炒，再放入姜丝、肉丝、酱油同炒，炒熟盛出。

3.锅内植物油烧热，放入豆腐丝炒几下，再将已炒好的肉丝、蒜苗和盐放入，炒熟即可。

韭菜粥

 材料 韭菜200克，大米100克，蒜蓉、盐各少许

做法

1.将韭菜择洗干净，切成段。

2.大米淘洗干净入锅，放入适量水，煮至八成熟时放入韭菜段，煮至全部熟时放入蒜蓉，再次煮沸时，放入少许盐搅匀即可。

鱼肉牛奶粥

 材料 鱼白肉50克，牛奶30毫升，盐适量

做法

1.将鱼白肉去刺炖熟并捣碎。

2.将鱼肉放在小锅里加牛奶煮。

3.鱼肉煮烂后加盐调味即可。

智慧粥

 材料 燕麦片30克，香蕉100克，配方奶粉适量

做法

1.在燕麦片中加入2碗开水，熬10分钟。

2.把切成片的香蕉倒进去，充分搅拌后关火，盛入碗中。

3.等粥凉到60℃左右，加入配方奶粉搅拌均匀即可。

贴心·提示 此粥含有丰富的蛋白质、碳水化合物、钾、维生素A、维生素E和维生素C，能促进宝宝大脑发育，适合7个月及以上的宝宝食用。

三仁香粥

材料 核桃仁、甜杏仁、松子仁各10克，糯米30克

做法

1.先将核桃仁、甜杏仁、松子仁一同放入锅中微炒，放凉后碾碎并剥去皮。

2.将糯米淘洗净，和三仁粉一起放入砂锅中，加水适量旺火煮滚，改用文火煮成粥即可。

金枪鱼沙拉

材料 金枪鱼75克，生菜、黄瓜、胡萝卜、小西红柿各10克，沙拉酱少许

做法

1.金枪鱼蒸熟，再用刀背拍松。

2.将生菜、黄瓜、胡萝卜、小西红柿用凉开水充分清洗，沥干水分后，切成细丝或小块。

3.将所有材料用沙拉酱拌匀即可食用。

核桃鸡片

材料 鸡胸肉500克，核桃仁100克，蛋清10克，酱油、料酒、胡椒粉各少许，植物油、水淀粉各适量，盐3克

做法

1.核桃仁用开水泡5分钟，再放入小锅中煮熟，用牙签剔去皮备用。

2.鸡胸肉切片，加入蛋清、盐、酱油、水淀粉少许拌匀。

3.锅中加入植物油，将鸡片滑散，盛出沥干。

4.锅中留底油，投入鸡片，加入料酒、盐、胡椒粉、核桃仁一起炒，加水淀粉勾芡，即可装盘。

洋葱炒鸡肝

 鸡肝150克，洋葱20克，面粉5克，奶油8克，猪油、鸡汤各适量，盐少许

做法

1.先将鸡肝洗净，然后切成片；洋葱洗净，切成丝。

2.将锅至火上，加入猪油，下洋葱用油炒至微黄，再放入鸡肝一起炒，当把水分炒干时，撒面粉，继续炒至发出香味时放奶油、鸡汤调匀，放盐调好口味即可。

茼蒿炒肉丝

 茼蒿250克，猪肉200克，植物油、料酒、白糖、盐、酱油、葱丝、姜片、味精各适量

做法

1.将猪肉洗净，切成细丝；茼蒿去老茎，洗净切小段。

2.炒锅放植物油烧热，放肉片煸炒至水干，加入酱油再炒，然后加入料酒、白糖、盐、葱丝、姜片煸炒至肉片熟烂。

3.放入茼蒿继续煸炒至熟，放入味精即可。

大枣百合炖猪脑

 大枣30克，猪脑600克，百合10克，盐适量

做法

1.猪脑、大枣、百合放入炖盅中，加水，隔水炖熟。

2.加入盐调味即可。

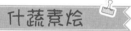
什蔬素烩

材料 黄瓜、丝瓜、冬瓜、木瓜、扁豆、豇豆、西葫芦、莴笋、圣女果（当季蔬果即可）、熟核桃仁、熟花生米、香菜、葱、姜、水淀粉、白糖、盐、色拉油、香油各适量

做法

1.将所有材料洗净分别切成条、块、片、丁，核桃仁、熟花生米碾碎。

2.锅置火上加色拉油烧热，放入葱、姜煸香，然后再按质地不同分别将材料放入锅中煸炒至熟，加白糖、盐调味，用水淀粉勾薄芡，出锅前撒入核桃仁末、花生末、香菜末，点入香油即可。

贴心·提示 配料全面，营养丰富，可满足宝宝大脑发育的各种营养元素。且此菜颜色艳丽，口感好，还可促进宝宝食欲。

豆腐鲜鱼块

材料 豆腐120克，鲑鱼100克，蛋黄25克，生菜叶、葱末各少许，玉米粉、番薯粉各10克，冰水、盐各适量

做法

1.豆腐及鲑鱼分别剁成泥，豆腐要挤出水分，鲑鱼则要加少许盐搅拌至肉凝结成团状。

2.将所有的材料放在一起后加入冰水搅拌均匀，捏成小正方形。

3.锅中的水滚开后下入做好形状的食物煮熟。

4.生菜叶做装饰，捞起成品装盘。

贴心·提示 鲑鱼中富含DHA、烟酸等营养物质，能协助碳水化合物、脂肪、蛋白质中能量的释放。同时，DHA对宝宝智力和视力发育起着非常重要的作用。

健齿食谱——给宝宝坚固牙齿

世界卫生组织于2001年提出了"8020"计划，即年龄80岁的老人还应有20颗健全的牙齿。但是，要想有一口好牙，必须从小开始在"吃"字上下工夫。

让宝宝"吃"出好牙齿

加强钙、磷摄入

钙是组成牙齿的主要成分。奶类和豆类制品钙含量最为丰富，尤其是乳类，其钙、磷比例合适，宝宝容易吸收。烹饪富含钙的食物，适当放点醋，有助钙质溶解，利于宝宝的吸收和利用。常吃含柠檬酸的水果（如柠檬、柑橘、梅子等）也有助于钙的吸收。磷是保护牙齿固不可少的营养素，在食物中分布很广，只要不偏食，均能摄取到丰富的磷。维生素D能促进宝宝对钙、磷的吸收及骨化作用，保证牙齿的健康发育。在动物肝脏、鱼肝油中均含有丰富的维生素D，可适当摄取。

摄入足量维生素C

摄入足量的维生素C是预防牙病的重要措施，如果缺少它，可以导致牙周病。宝宝不能合成维生素C，同时宝宝对维生素C的储存也是有限的，因此必须每天从富含维生素C的食物中摄取。蔬菜含有多种微量元素和丰富的维生素C，是不容忽视的护齿食物。宝宝还应每天补充适量的水果（如橘子、柠檬等）。

少吃糖，注意口腔卫生

甜、软精制食品由于其含糖量高，又易于滞留在牙缝中，细菌可利用糖产生酸性物质而腐蚀牙齿，故应少吃。科学食用碳水化合物食品，例如，在两餐之间吃糖类食物，睡前和刷牙后不吃糖类食物。也不要吃过量强刺激性的（过酸、过辣、过烫、过冷）食物，以免损害牙齿。吃甜食或苹果后，一定要漱口或刷牙。

宝宝美食餐桌

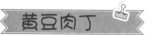 黄豆肉丁

材料 瘦肉、黄豆各200克，盐、味精、葱末、姜末各2克，酱油、花生油各适量，肉汤15毫升

 做法

1.将瘦肉洗净，切丁；黄豆去杂洗净，下锅煮熟。
2.炒勺放花生油上火烧热，放入葱末、姜末炝勺，放肉丁炒至变白，放入酱油、黄豆、盐，注入肉汤，烧沸后撇去浮沫，烧至肉熟、黄豆入味，加入味精出勺装盘即可。

 奶酪芝麻粥

材料 大米30克，奶酪20克，黑芝麻15克

 做法

1.大米淘洗干净，加入适量开水熬煮成粥。
2.黑芝麻炒熟后研碎。
3.待粥煮好后加入黑芝麻粉，煮开。
4.最后加入奶酪搅拌均匀，略煮即可。

 干酪粥

材料 米饭20克，干酪5克

 做法

1.干酪切碎；米饭入锅加适量水煮。
2.米饭煮至黏稠时放入干酪，干酪开始溶化时将火关掉。

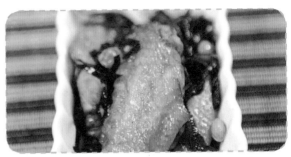

蒜香西红柿西蓝花

 材料 西蓝花、西红柿各100克，蒜瓣20克，盐5克，植物油适量

做法

1.西蓝花洗净，掰成小朵，入沸水焯半成熟后迅速捞出，置于冷水中备用。

2.西红柿去皮，切成小丁。

3.蒜瓣拍碎成蒜蓉，备用。

4.炒锅中倒入植物油，微微爆香蒜蓉，加入西蓝花迅速翻炒，再倒入西红柿丁，加入适量盐，炒熟即可。

黄豆焖鸡翅

 材料 鸡中翅250克，黄豆、水发海带、胡萝卜各50克，葱段、姜片、花椒水、姜汁各10克，盐5克，植物油、高汤各适量

做法

1.鸡中翅洗净，用花椒水、姜汁、盐、葱段等腌制入味；黄豆泡洗干净；水发海带洗净，切丝；将黄豆、海带丝加葱段、姜片等煮熟；胡萝卜洗净，切片。

2.炒锅倒入植物油烧至八成热，下入腌好的鸡中翅，翻炒至变色，加其他材料及适量高汤、盐、转小火焖至汁浓即可。

鹌鹑粥

 材料 大米30克，鹌鹑350克，盐适量

做法

1.鹌鹑去皮后切大块，用适量盐拌匀，放入消毒后的煲汤袋内，扎紧袋口备用。

2.大米洗净，加水浸2小时左右，然后放入锅内煮沸。

3.加入装有鹌鹑的煲汤袋，继续煮至水沸后，改小火煲约45分钟，熄火后焖5分钟即可。

开胃消食食谱——让宝宝吃饭香

宝宝食欲好，身体才健康

改善食欲的方法

补充微量元素。调查表明，厌食多伴有不同程度的缺铁和缺锌。因此，对厌食宝宝应常规检测头发和血液中铁、锌的含量。若这两项指标偏低，需要注意补充，随着缺铁和缺锌的纠正，宝宝的食欲就会大为改善。

改善饮食习惯。建立规律的生活制度，每天按时就餐，宝宝要和家庭成员一起进食。

注重饮食的花色品种。吸引宝宝的食欲，同时讲究烹调技术。不吃肉，可做成水饺或馄饨；不吃豆腐，就做成卤干；不吃鱼，可做成鱼丸；尽可能使宝宝膳食营养达到粗、细、荤、素搭配的"均衡饮食"。

食物多样。给宝宝一份多样的食物，并把各种荤、素食物混在一起，逐渐培养其粗食、杂粮都吃的习惯，这样可以纠正挑食和偏食的坏毛病。

保持安静快乐。让吃饭时间成为安静快乐的时刻。家长不要采取哄

骗、恐吓等手段强迫孩子进食，更不能在吃饭时教训宝宝。

开胃食品

茴香苗。将小茴香苗洗净切碎，稍加盐、香油、味精，凉拌当菜吃，每日半小盘。也可将小茴香加少许肉馅包馄饨、饺子或包子，让孩子进食。食量要由少增多，不可过量。

橘皮。鲜橘子皮洗净，切成条状、雪花状、蝴蝶状、小动物状等各式各样小块，加上适量白糖拌匀，置阴凉处1周。小儿用餐时取出少许当菜食之。每日2次。

玫瑰花。鲜玫瑰花摘下后，加白糖适量密封于瓶罐内，1个月后启封。将玫瑰花糖少许加入汤内，让小儿食之。

大枣。小儿面黄肌瘦，时常腹泻，可用大红枣5～10枚，洗净煮熟去皮、核食之，也可与大米煮粥食之。

山药。将山药洗净去皮，切成薄片先用清水浸泡半天，加大米少量煮成稀粥，再放桂圆肉3～5枚用小火煮，加白糖少许食之。

宝宝美食餐桌

 ## 乌梅汤

材料 乌梅50克，冰糖5克

做法

1.乌梅8枚用刀切碎。

2.将碎乌梅连核一起放容器中加2碗清水浸泡30分钟。

3.上灶大火烧沸，再转小火烧20分钟。

4.将乌梅汤盛出，加冰糖调味即可。

 ## 猕猴桃西红柿酸奶

材料 猕猴桃10克，西红柿50克，酸奶100毫升

做法

1.猕猴桃去皮，西红柿洗净，分别以刀切碎备用。

2.酸奶倒入容器中。

3.取切碎的猕猴桃、西红柿与酸奶拌匀即可。

 ## 糙米糊

材料 糙米粉30克

做法

1.取糙米粉2汤匙放入碗中，再加入温开水小半杯。

2.用汤匙搅拌均匀，成黏稠状即可。

牛奶苹果泥

材料 苹果50克，牛奶20毫升

做法

1.苹果洗净，去皮、去核，切成小块放入搅拌机中打成泥状，放入碗中备用。

2.在苹果泥中加入牛奶，用勺搅拌均匀后即可给宝宝食用。

鲜奶玉米糊

材料 速溶玉米片100克，猕猴桃、葡萄各50克，热奶100毫升

做法

1.将猕猴桃、葡萄洗净，去皮、去籽，切成小丁。

2.将速溶玉米片放在碗中，加入准备好的水果丁。

3.加入热奶调匀即可。

雪梨山楂粥

材料 糯米50克，雪梨150克，山楂条20克，冰糖5克

做法

1.锅中放水加入去皮、核的雪梨块；糯米洗净；山楂条切粒备用。

2.雪梨水烧开后加入糯米，小火煮至糯米软烂，加入冰糖继续煮至冰糖完全溶化。

3.再下入山楂条粒搅拌均匀即可。

燕麦片牛奶粥

材料 牛奶100毫升，燕麦片50克，白糖适量

做法

1.将燕麦片和牛奶放入锅内，加入适量清水，使之充分混合；用文火烧至微开，用勺不停地搅动，以免粘锅，直至锅内食物变稠。

2.在煮好的燕麦粥内加入白糖，搅和均匀，晾至温度适宜即可。

山药粳米粥

材料 鸡蛋100克，粳米150克，山药、红枣各50克，白糖适量

做法

1.将山药、粳米洗净，山药切片，红枣洗净、去核，鸡蛋打破去蛋清留蛋黄置碗内，搅散。

2.然后将水和红枣入锅，待大火将水烧开后再加粳米、山药，改小火熬粥至熟，起锅前再将蛋黄和白糖加入并搅匀，煮沸即可。

红薯南瓜大米粥

材料 红薯、南瓜各10克，大米100克

做法

1.红薯、南瓜洗净、去皮，切成薄片，放在上气的蒸锅中蒸至熟软，取出后用勺子碾成泥。

2.将大米淘洗干净，加10倍水煮成10倍稠粥。

3.取适量大米粥，加入红薯泥和南瓜泥，搅拌均匀后即可给宝宝食用。

山药芡实羹

材料 鲜山药50克，芡实20克，山楂100克，白糖30克

做法

1.芡实加半碗水浸泡24小时，煮软；鲜山药去皮，放进蒸笼中大火蒸熟，直到软烂；把山药碾成泥，芡实用打浆机打碎；山楂去核切碎，加8倍水小火熬软，让汁变浓；山楂汤滤去皮渣，取汁。

2.用山楂汁、山药泥和芡实浆混合成羹状，加入白糖至酸甜适口。

3.搅匀，分装成小碗，放冰箱备用。

4.取出后，在室温下放一会儿，即可食用。

鲜奶鱼丁

材料 净鱼肉150克，蛋清10克，植物油、盐、白糖各少许，葱姜水、牛奶、水淀粉各适量

做法

1.将净鱼肉洗净制成鱼茸后，放入适量葱姜水、盐、蛋清及水淀粉，搅拌均匀。上劲后，放入盘中上笼蒸熟，使之成鱼糕，取出后切成丁状。

2.锅置火上，放入少许植物油，烧热后将油倒出；再加少许清水及牛奶，烧开后加少许盐、白糖，然后放入鱼丁，烧开后用水淀粉勾芡，淋少许熟精制油即可。

葵花子拌芥菜

材料 芥菜350克，熟葵花子仁50克，红椒丁5克，盐、白糖、葱油各适量

做法

1.芥菜洗净，余烫后捞出过凉水，挤干水分，切碎末。

2.芥菜末、熟葵花子仁、红椒丁加入盐、白糖、葱油拌匀即可。

鸡蓉豆腐球

材料 鸡肉30克，豆腐50克，胡萝卜20克，盐少许，香油适量

做法

1.将鸡肉、豆腐洗净，剁成泥；胡萝卜洗净、去皮，切成小碎末备用。

2.将所有材料放入碗中混合搅拌均匀。

3.把搅拌好的馅料用手捏成一个个宝宝适口大小的球，整齐码在盘中。

4.将盘子放在上气的蒸锅中蒸10分钟即可。

酸甜萝卜

材料 白萝卜150克，胡萝卜100克，白醋、白糖、盐各适量

做法

1.将白萝卜和胡萝卜洗净，切薄片或切长条，放在一个可以密封的容器里，比如有盖的广口瓶子或饭盒里。

2.将白醋、白糖、盐和白开水混合，加入容器中，盖过萝卜。

3.将容器盖盖好，放入冰箱，1～2天后就可以吃了。如果味道不够就多泡1天。味道可以根据自己的口味调整。

水果拌豆腐

材料 嫩豆腐20克，草莓25克，橘子、蜂蜜、盐各少许

做法

1.将嫩豆腐放入清水中煮一会儿，捞出，沥去水分，压成泥。

2.把草莓用盐水洗净后切碎，把橘子瓣剥去皮，去核，研碎，再与蜂蜜和盐混合，加入豆腐中搅拌均匀，即可食用。

西红柿洋葱沙拉

材料 西红柿50克，洋葱30克，沙拉酱15克，盐1克

做法

1.西红柿洗净，切成小块；洋葱洗净，切段。

2.将切好的洋葱段和西红柿块放入碗中，调入沙拉酱和盐，拌匀即可。

山楂海带丝

材料 海带（鲜）300克，山楂100克，白糖30克，大葱5克，姜3克，料酒10毫升

做法

1.锅内加水，海带洗净放入锅内；大葱、姜切丝，加入锅中；再加入料酒。

2.先用旺火烧开，再用小火炖烂，捞出海带切成细丝，加白糖拌匀，装入盘中。

3.山楂去核，切成块，放入盘中的海带丝上，再撒上一层白糖即可。

牛奶炒蛋清

材料 鲜牛奶250克，鸡蛋清50克，火腿末、盐、花生油、水淀粉各适量

做法

1.将鲜牛奶盛入碗内，加入鸡蛋清、盐、水淀粉打匀。

2.炒锅放入花生油烧热，将牛奶蛋清投入锅内翻炒，至刚断生，撒上火腿末，装盘即成。

提高免疫力食谱——让宝宝远离疾病困扰

宝宝出生时从母乳中得到的免疫力一般可以维持6个月左右，之后，其自己的免疫系统会逐渐发育，到3岁时相当于成人的80%左右。因此，宝宝在婴幼儿时期是免疫力较低的疾病高发期，妈妈要帮助宝宝完善其免疫系统。

六大黄金法则增强宝宝免疫力

母乳喂养

坚持母乳喂养可提高免疫力，初乳喂养可帮助宝宝安全度过出生后的前6个月。

合理应用药物

能通过食疗和护理解决的小病，最好不要用药物解决，尤其不能滥用抗生素，否则适得其反。

保证有规律的作息时间

孩子一天生活的主要内容包括饮食、睡眠、游戏，这些生活环节若安排得井然有序，可以有效地增强孩子自身的免疫力，使孩子少得或不得病。

最好让孩子每天做运动

小婴儿，可以每天坚持帮其做抚触或被动操；稍大一些的孩子，让其充分练习爬行或走路，让孩子多跑跑跳跳，增加肺活量和血液循环速度，对孩子增加免疫力大有好处。

允许孩子生一些小病

3岁以下的孩子抵抗力比较弱，也许会出现一些感冒、发烧的症状，这些常见的小病有助于孩子免疫力的提高，对预防大病很有好处。这也就是我们为什么会制造一些疫苗给孩子注射的原因。人体的免疫力是慢慢增强的，得过一次病也会获得相应的免疫力。

多吃可增加免疫力的食物

在为孩子提供膳食时，应尽可能地做到品种多样、比例适当、定时定量、调配得当，并应保证每天有足够的蛋白质、适量的脂肪、充足的碳水化合物、维生素、矿物质等。如果免疫系统所必需的营养不足，它就不能正常发挥作用。因此，平时家长要多给宝宝吃一些能提高免疫力的食物，其中蘑菇、大蒜、西红柿、酸奶、薏米、糙米、山药等是提高免疫力的佳品。

宝宝美食餐桌

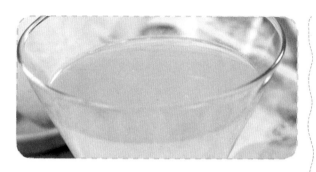

萝卜蜂蜜饮

材料 白萝卜200克,蜂蜜少许

做法

白萝卜捣烂取汁25毫升,加入蜂蜜半小匙,调匀,1次服完,每日1~2次。

猕猴桃泥

材料 猕猴桃200克

做法

猕猴桃略洗后切半,用汤匙将果肉刮出即成。

蛋黄白玉豆腐泥

材料 豆腐100克,油菜叶20克,熟鸡蛋60克

做法

1.豆腐改刀切成小块,在热水中煮5分钟后用漏勺盛出放于碗中,用勺子碾碎;油菜叶洗净,在热水中烫熟,切碎后放在碗内搅拌均匀。

2.把豆腐、油菜泥放入一个可爱的容器中,隔水蒸5分钟。

3.熟鸡蛋只取蛋黄并碾碎,撒在豆腐菜泥表面,搅拌凉后即可喂食宝宝。

花生排骨汤

 猪排骨200克，带红衣花生米、莲藕各100克，盐、姜、料酒、胡椒粉、植物油各适量

做法

1.将猪排骨剁成小段，放入开水锅中汆烫后捞出；带红衣花生米洗净；莲藕切成滚刀块，汆烫后捞出；姜切片。

2.植物油烧热后，放入姜片煸香，再放入排骨炒干水分，烹入料酒炒香，加入花生米、莲藕及适量清水。

3.大火烧开后撇去浮沫，装入砂锅内，用小火炖至排骨软烂、莲藕粉糯时，加入盐、胡椒粉调味即可。

蘑菇炒山药

 干蘑菇15克，鲜山药300克，芹菜100克，植物油、淀粉、酱油、盐各适量

做法

1.先将干蘑菇用热水泡约10分钟至变软，并将泡菇水留下备用。同时将鲜山药去皮切小片，芹菜也切成大小相同的块。

2.锅内放植物油热后，依序加入蘑菇、山药、芹菜炒熟，接着倒入泡菇水，待汤汁略收干后，加入适量淀粉勾芡，再加入一点酱油或少许盐调味即可。

银耳鹌鹑蛋

 银耳20克，鹌鹑蛋250克，冰糖15克

做法

1.将银耳去蒂，洗净放入碗内加清水，上屉蒸10分钟；将鹌鹑蛋煮熟，捞出后过凉水，剥去外壳。

2.锅烧热，加清水、冰糖烧开，待冰糖溶化后放入银耳、鹌鹑蛋，煮沸后撇去浮沫即可。

鸡内金粥

材料 鸡内金10克，干橘皮3克，砂仁2克，粳米50克，白糖适量

做法

1.鸡内金、干橘皮、砂仁研碎备用。

2.粳米加水适量煮粥，粥将成时入药粉，加白糖适量调味。

薏米红枣粥

材料 薏米30克，红枣15克，白糖少许

做法

1.将薏米洗净，提前一晚浸泡于冷水中。将红枣用热水泡软，去除枣核备用。

2.将薏米和红枣放入锅中大火煮至沸腾，转小火熬至薏米变软烂，加少许白糖调味即成。

藕香炖排骨

材料 莲藕120克，排骨100克，香菜10克，枸杞少许，葱段、姜片、盐、料酒、醋各适量

做法

1.排骨洗净后放在水中浸泡1～2个小时；莲藕洗净、去皮，切成小块；枸杞洗净后泡在温水里；香菜洗净切成小段。

2.将泡好的排骨放入锅中，大火煮沸后撇去浮沫，放入葱段、姜片、醋和料酒，小火炖制1小时。

3.将莲藕放入锅中，继续炖至莲藕变软，放入盐调味。

4.最后撒入香菜和泡好的枸杞即可。

萝卜丝汤

 材料 白萝卜300克，葱末5克，盐、香油各适量

做法

1.白萝卜去蒂洗净，先切片后切丝。

2.锅内加适量清水点火，放入萝卜丝、葱末煮沸，撇去浮沫，煮至萝卜丝熟烂时放盐调味，淋入香油即成。

太子参黄芪鸽蛋汤

 材料 太子参、黄芪各15克，鸽蛋60克

做法

先水煎太子参、黄芪，取药汁煮鸽蛋，熟时饮汤食鸽蛋。

双菇糙米饭

 材料 糙米200克，香菇40克，蘑菇100克，生抽、料酒、盐、植物油各适量

做法

1.糙米浸泡4小时，香菇、蘑菇切片。

2.将糙米放入锅中，倒入适量清水，放入香菇片、蘑菇片，调入少许料酒、盐、植物油、生抽，焖煮成饭。

> **贴心·提示** 香菇、蘑菇所含的多糖类化合物，有明显增强宝宝免疫功能的作用，还能预防佝偻病及贫血。

宝宝常见病饮食调养

发热

病情特点

发烧，医学上称为发热，是儿童的常见症状之一，许多疾病都可以引起发烧，它是人体患病的一种防御性反应。

小儿正常体温常以肛温36.5℃～37.5℃，腋温36℃～37℃衡量。通常情况下，腋温比口温（舌下）低0.2℃～0.5℃，肛温比腋温约高0.5℃左右。若腋温超过37.4℃，且一日间体温波动超过1℃以上，可认为发热。所谓低热，指腋温为37.5℃～38℃、中度热38.1℃～39℃、高热39.1℃～40℃、超高热则为41℃以上。发热时间超过两周为长期发热。

发烧的孩子抵抗力下降，如果发烧持续时间过长或体温过高，可使体内蛋白质、脂肪、维生素大量消耗和机体代谢紊乱，各器官功能受损，

高热还可引起高热惊厥。

所以对发烧的孩子必须进行良好的护理，使孩子安全度过发烧期，以促使其早日康复。

发病原因

引起小儿发烧的原因很多，归纳起来可分为两大类，即感染性和非感染性。

1.感染性发烧：上呼吸道感染、气管炎、肺炎、中耳炎、败血症、皮肤感染、尿路感染、化脓性脑膜炎等感染性疾病会引起发烧；各种急性传染病像麻疹、猩红

热、幼儿急疹、水痘、风疹、流感、流行性腮腺炎、流行性脑膜炎、流行性乙型脑炎、菌痢、伤寒均可伴有发烧。

2.非感染性发烧：结缔组织病，如儿童类风湿病、皮肤黏膜淋巴结综合征等均可有发烧；此外，小儿脱水热、药物热、暑热症、肿瘤、白血病以及颅脑外伤后的中枢性发烧均属于非感染性发烧。

饮食原则

1.发烧时的饮食以流质、半流质为主。稍大孩子发烧时的饮食以流质、半流质为主。常用的流质有牛奶、米汤、绿豆汤、少油的荤汤及各种鲜果汁等。夏季喝些绿豆汤（加少量糖），既清凉解暑又有利于补充水分。发烧伴有腹泻、呕吐，但症状较轻的，可以让其少量、多次服用自制的口服糖盐水。配制比例为500毫升水或米汤中加一平匙糖及半啤酒瓶盖盐。1岁左右的小儿，4小时内可服500毫升。同时还可适当进食一些补充电解质的食物，比如柑橘、香蕉等水果（含钾、钠较多），奶类与豆浆等（含钙丰富），米汤或面食（含镁较多）。症状较重者，应暂时禁食，以减轻胃肠道负担，同时请医生诊治。

2.好转时可改半流质饮食。孩子体温下降，食欲好转时，可改半流质饮食，如藕粉、代乳粉、粥、鸡蛋羹、面片汤等。以清淡、易消化为原则，少量多餐。不必盲目忌口，以防营养不良，抵抗力下降。伴有咳嗽、多痰的儿童，由于不会咳痰，往往咽到胃里，剧烈咳嗽还会引起胃部不适，若进食过多，容易出现呕吐。因此，家长要特别注意，不宜让孩子过量进食，不宜给孩子吃海鲜或过咸、过油腻的菜肴，以防引起过敏或刺激呼吸道，加重症状。

最后要强调的是，对发烧时食欲不振的孩子，千万不要勉强进食，应顺其自然，待有饥饿感时再吃，期间不宜断水，应注意水分的补充。

 调理食谱

双花饮

材料 金银花、菊花各10克

制用法

将金银花、菊花加水煮15分钟，取汁当茶饮。

功效 有清热、解毒作用。

西瓜汁

材料 新鲜的西瓜500克

制用法

将新鲜的西瓜去籽取瓤，榨汁，代茶频服。如发烧时不伴有其他症状，可以吃少量冰西瓜汁之类的冷饮。

功效 帮助降温、利尿。

冬瓜荷叶汤

材料 冬瓜250克，荷叶、盐适量

制用法

将冬瓜洗净，连皮切块。荷叶切碎，加水煮汤，汤成后去荷叶加盐喝汤。

功效 有清热化痰、除烦解渴、利尿的作用。

普通感冒

病情特点

急性上呼吸道感染系由各种病原引起的上呼吸道的急性感染（简称上感），俗称"感冒"，是小儿最常见的疾病。该病主要侵犯鼻、鼻咽和咽部，根据主要感染部位的不同可诊断为急性鼻炎、急性咽炎、急性扁桃体炎等。

婴幼儿时期由于上呼吸道的解剖和免疫特点而易患本病。本病发病率占儿科疾病首位，除了4～5个月以内小儿较少发病外，可发生于任何年龄的小儿。

本病一年四季均可发病，以冬、春多见，在季节变换、气候骤变时发病率高。

中医认为，根据病邪不同，一般分为风寒、风热、暑湿感冒三个证型。冬、春多风寒、风热及时行感冒；夏、秋季节多暑邪感冒，发病呈流行性者为时行感冒。感冒日久或反复感冒则多为正虚感冒。除常证外，辨证时还应结合辨别夹痰、夹滞、夹惊的兼证。

主要症状

局部症状：鼻塞、流涕、喷嚏、干咳、咽部不适和咽痛等，多于3～4天内自然痊愈。

全身症状：发热、烦躁不安、头痛、全身不适、乏力等。部分患儿有食欲不振、呕吐、腹泻、腹痛等消化道症状。腹痛多为脐周阵发性疼痛，无压痛，可能为肠痉挛所致；如腹痛持续存在，多为并发急性肠系膜淋巴结炎。

婴幼儿起病急，全身症状为主，常有消化道症状，局部症状较轻。多有发热，体温可高达39℃～40℃，热程2～3天至1周左右，起病1～2天可因高热引起惊厥。

饮食原则

1.可补充一些易于消化、高热能的流质、半流质食物，如稀粥、牛奶、豆浆、菜汤、青菜汁、水果汁等。

2.多服有辅助治疗、抗病作用的食物，如葱、姜、蒜、辣椒、紫苏叶、醋等。这些食物能发散风寒，行气健胃，均为治疗感冒气滞之佳品。

3.风热感冒者宜吃辛凉疏风、清热利咽食物，如鲜梨适量生吃。

饮食禁忌

1.忌食油腻、黏滞、燥热之物。

2.最重要的是不能吃香菜，虽然它温中健胃，易患感冒的这类人常气虚，吃香菜后会更易感冒。

3.风热感冒发热期，应忌用油腻荤腥及甘甜食品，还忌过咸食物如咸菜、咸带鱼等。

调理食谱

姜糖饮

材料 生姜10克，红糖15克

利用法

生姜洗净，切丝，以沸水冲泡，调入红糖趁热顿服，服后盖被取汗，避风寒。

功效 发汗解表，温中和胃。用于感冒风寒初起，发热、怕冷、头痛、周身酸痛者。

葱白麦芽奶

材料 葱白10克，麦芽15克，熟牛奶100毫升

利用法

葱白洗净切开，与麦芽放杯中加盖，隔水炖熟后去葱及麦芽，加入熟牛奶。

功效 可解表、开胃，适用于小儿风寒感冒。每日2～3次，连服2日。

红萝卜马蹄粥

材料 红萝卜150克，马蹄（荸荠）250克，大米50克，白糖或盐少许

利用法

红萝卜切片，马蹄去皮拍裂，与大米一同煲粥，粥成后，以少许白糖或盐调味，即可食用。

功效 可清热消食、止咳、祛痰、利尿、润肠通便，适用于风热感冒。

红薯煲芥菜

材料 红薯250克，芥菜150克，盐适量

制用法

红薯去皮、切小块，芥菜洗净，一同放入锅中，加适量清水，煮至红薯熟烂，加盐调味即可食用。

功效 可解表、发汗、清热，适用于风热感冒。

绿豆银花汤

材料 生绿豆100克（捣碎），青茶叶3克，冰糖15克

制用法

先将生绿豆洗净，捣碎，带皮与青茶叶、冰糖调和，用沸水冲泡，加盖焖20分钟即可。每日1剂，不拘时，徐徐饮服。

功效 清热解毒，生津止渴。用于小儿流行性感冒。对咽喉肿痛、热咳口干者效果更好。

葱豉汤

材料 葱白丝20克，豆豉15克

制用法

清水一碗，入豆豉煮沸约3分钟后，再入葱白丝出锅。趁热服，服后盖被取微汗。

功效 通阳、解表、散寒，用于治疗外感风寒轻证。

流行性感冒

病情特点

流行性感冒，简称流感，是由流行性感冒病毒引起的急性呼吸道传染病。病源学分甲、乙、丙3种类型。甲型流感病毒容易变异，易引起流行、大流行。流感虽然是一种自限性疾病，但是并发症很多见，有的甚至有生命危险。

饮食原则

1.选择容易消化的流质饮食如菜汤、稀粥、蛋汤、蛋羹、牛奶等。

2.流感病人怕油腻，有的感觉口内无味或嘴苦，没有食欲，故饮食既要有充足的营养，又要能增进食欲。可供给白米粥、小米粥、小豆粥、配合甜酱菜、大头菜、榨菜或豆腐乳等小菜，以清淡、爽口为宜。

3.保证水分的供给，可多喝酸性果汁如山楂汁、猕猴桃汁、红枣汁、鲜橙汁、西瓜汁等以促进胃液分泌，增进食欲。

4.多食含维生素C、维生素E及红色的食物，如西红柿、苹果、葡萄、枣、草莓、甜菜、橘子、西瓜及牛奶、鸡蛋等，预防感冒的发生。

5.饮食宜少量多餐。如退烧，食欲较好后，可改为半流质饮食，如面片汤、清鸡汤龙须面、小馄饨、菜泥粥、肉松粥、肝泥粥、蛋花粥。

爽口凉拌菜，解毒防流感 Tips

选用新鲜的鱼腥草、败酱草、蒲公英、马齿苋、黑木耳、鲜蘑菇其中一种，沸水焯过，过凉水控干，加入新蒜汁，拌匀，食用。易感人群皆可选用（蒜汁很重要）。以上鲜野菜在菜市场或超市均可买到。

调理食谱

姜葱红糖饮

材料 生姜丝15克，红糖20克，葱丝适量

制用法

用500毫升水加生姜丝、葱丝煮沸后加入红糖，趁热一次饮完，卧床盖被，以出微汗为度。

功效 适用于高烧、无汗的流感。

三豆汤

材料 赤小豆、绿豆、白扁豆各30克

制用法

赤小豆、绿豆、白扁豆洗净加水500毫升，煮熟，吃豆喝汤。

功效 清热解毒，健脾利湿。

清心防疫茶

材料 绿茶、菊花、生甘草各3克

制用法

用80℃的开水300毫升，冲泡绿茶、菊花、生甘草饮用。

功效 清热除烦，芳香解毒。

扁桃体炎

病情特点

急性扁桃体炎是咽部扁桃体的急性炎症，这是扁桃体作为第一防线抵抗病原菌的侵入，是小儿全身防御能力增强的表现。3岁以前，由于全身淋巴系统尚未发育，小儿发生呼吸道感染后常常是全身表现；3岁后，全身淋巴系统发育进入高峰期，咽部扁桃体增生，正常情况下都能在咽部看到增大的扁桃体。

扁桃体炎分为急性扁桃体炎和慢性扁桃体炎。

急性扁桃体炎多数是细菌，也可以是病毒感染引起。一般来说，如是由病毒引起的急性扁桃体炎，扁桃体红肿，有一些白色分泌物，但不会化脓，颈部淋巴结不肿大。如由细菌引起的急性扁桃体炎，患儿常突然出现39℃～40℃的高热和剧烈的喉咙疼痛，扁桃体红肿明显，严重时发生化脓，在扁桃体的表面可附有浅黄色的分泌物甚或形成一层薄膜。

病情较重的患儿，引起颈部及颌下淋巴结的肿胀、疼痛。小儿患急性扁桃体炎时可引起中耳炎、副鼻窦炎、肺炎等并发症，如是链球菌感染的扁桃体炎可合并风湿热和肾炎。由此可见，扁桃体炎虽然不算是一个大病，但却存在引起严重并发症的可能。

急性扁桃体炎如果反复发作则形成慢性扁桃体炎，每遇受凉、感冒就会急性发作。因此往往1年要发作数次，这将给孩子的身体发育带来不良的影响，尤其是已经继发风湿热和肾炎的病儿。因此，在发生急性扁桃体炎时，应及时请医生诊治。

主要症状

细菌性咽扁桃体炎早期症状：起病较急，可有恶寒及高热，体温可达39℃～40℃。幼儿可因高热而抽搐。咽痛明显，吞咽时尤重甚至可放射到耳部。病程约7天左右。可见咽部明显充血，扁桃体肿大、充血，表面有黄色点状渗出物，颌下淋巴结肿大、压痛，肺部无异常体征。

饮食原则

在扁桃体炎的急性期，饮食宜清淡，宜吃含水分多又易吸收的食物，如稀米汤（加盐）、果汁、蔗水、马蹄水（粉）、绿豆汤等。饭后淡盐水漱口。

慢性期宜吃新鲜蔬菜、水果、豆类及滋润的食品，如黄豆、豆腐、豆浆、梨子、冰糖、蜂蜜、百合汤等。当察觉喉咙有异常感时可吃金橘与其他较酸的水果比较好。若生吃觉得酸，可加冰糖或蜂蜜煮汁。

调理食谱

糖渍海带

材料 水发海带250克，白糖150克

制用法

将水发海带漂洗干净，切丝，放锅内加水适量煮熟，捞出，放小盆内，拌入白糖腌渍一天后即可食用，每天2次，每次25克。

功效 清热解毒，消肿止痛，通腑。主治急性扁桃体炎，症见怕冷、发热、咽痛吞咽时加剧、全身酸痛不适、大便不通、口干而苦、小便黄赤、舌红苔薄黄。

鱼腥草粥

材料 鱼腥草30克（鲜者加倍），大米100克，白糖适量

制用法

将鱼腥草洗净，加清水适量，浸泡5～10分钟后，水煎取汁，加大米煮粥；或将鲜鱼腥草择洗干净，切细，待粥熟时调入粥中，纳入白糖，再煮沸即成。每日1剂，连续3～5天。

功效 鱼腥草有清热解毒、行水消肿、利尿通淋之功。现代药理研究表明，鱼腥草煎剂对肺炎球菌、金黄色葡萄球菌等有明显的抑制作用，故能有效治疗扁桃体炎。

石榴汁

材料 鲜石榴1 000克

制用法

鲜石榴去核取果肉，捣碎，加白开水适量，浸泡半小时即成。一日数次，含汁漱咽喉。

功效 对咽喉疼痛有一定疗效。

小儿肺炎

病情特点

小儿肺炎是小儿最常见的一种呼吸道疾病，四季均易发生，3岁以内的婴幼儿在冬、春季节患肺炎较多。肺炎为婴儿时期重要的常见病，是我国住院小儿死亡的第一位原因，严重威胁小儿健康，被卫生计生委列为小儿四病防治之一，故加强对本病的防治十分重要。

小儿肺炎临床表现为发热、咳嗽、气促、呼吸困难和肺部细湿音，也有不发热而咳喘重者。小儿肺炎有典型症状，也有不典型的，新生儿肺炎尤其不典型。

小儿肺炎由细菌和病毒引起的最为多见。如治疗不彻底，易反复发作、引起多种重症并发症，影响孩子发育。目前可通过疫苗预防小儿肺炎。小儿重症肺炎，往往累及心脏，发生心力衰竭，表现为呼吸困难，面色青紫突然加重，心跳突然加快，下肢浮肿，患儿极度烦躁不安，如果不及时抢救治疗，可导致呼吸循环衰竭而死亡。

主要症状

发烧和咳嗽是肺炎最常见的症状，但并不是必备症状。有些婴儿发病时可以不发烧、咳嗽，对于一般的肺炎家长可从以下几方面入手。

一看如果孩子已发烧，咳嗽的同时精神状况不佳，口唇青紫、烦躁、哭闹或昏睡、抽搐则说明孩子病得较严重，得肺炎的可能性大。

二看饮食。小儿得了肺炎食欲会显著下降，不吃东西或吃奶就哭闹不安，数孩子的呼吸次数，增多、增快，出现起伏腹式呼吸。

三看发烧。小儿肺炎大多数发烧多在38℃以上并持续2～3天以上不退烧。

四看咳嗽和呼吸是否困难。感冒和支气管炎引起的咳嗽多是阵发性，一般不会出现呼吸困难。若咳嗽较重，呼吸增快，两侧鼻翼扇动，口唇发青或发紫或出现胸凹表现，则应考虑孩子已发肺炎且病情较重。

如果患儿具备其中大部分特征，则可诊断为小儿肺炎，应立即到医院就诊。

饮食原则

患肺炎的小儿消化功能会暂时降低，如果饮食不当会引起消化不良和腹泻。根据患儿的年龄特点给以营养丰富、易于消化的食物。吃奶的患儿应以乳类为主，可适当喝点水。牛奶可适当加点水兑稀一点，每次喂少些，增加喂的次数。若发生呛奶要及时清除鼻孔内的乳汁。年龄大一点能吃饭的患儿，可吃营养丰富、容易消化、清淡的食物，多吃水果、蔬菜，多饮水。

调理食谱

百合粥

材料 百合60克，粳米100克，冰糖适量

制用法
百合研粉，同粳米同煮成粥，兑入冰糖即成。每日2次，热饮。

功效 润肺止咳，生津除烦。百合滋阴润肺，清心除烦，配以粳米、冰糖养胃、生津，适用于阴虚肺热、烦热燥咳之症。

银耳雪梨膏

材料 银耳10克，雪梨150克，冰糖15克

制用法
雪梨去核切片，加水适量，与银耳同煮至汤稠，再掺入冰糖溶化即成。每日2次，热饮服。

功效 养阴清热，润肺止咳。银耳滋阴润肺，养胃生津，为补益肺胃之上品；雪梨清肺止咳；冰糖滋阴润肺。因此用于阴虚肺燥之证者颇佳。

桑菊杏仁茶

材料 桑叶、菊花各9克，杏仁泥6克，蜂蜜15克

制用法
将桑叶、菊花、杏仁泥共煎煮取汁，调入蜂蜜即成。每日1剂，代水饮用。

功效 辛凉清热，宣肺止咳。桑叶、菊花清轻散邪，为辛凉解表之要药；杏仁宣肺降逆；蜂蜜调味止咳。

腹泻

病情特点

小儿腹泻是由多病原、多因素引起的以大便次数增多和大便性状改变为特点的消化道综合征，为我国婴幼儿最常见的疾病之一。6个月至2岁婴幼儿发病率高，1岁以内约占半数，是造成小儿营养不良、生长发育障碍的主要原因。

腹泻主要发生在每年的6～9月及10月至次年1月。夏季腹泻通常是由细菌感染所致，多为黏液便，具有腥臭味；秋季腹泻多由轮状病毒引起，以稀水样或稀糊便多见，但无腥臭味。由于目前缺少消灭轮状病毒的药物，应用食物疗法和注意忌口显得非常重要。

发病原因

引起儿童腹泻病的病因分为感染性及非感染性两种。

1.感染因素。肠道内感染可由病毒、细菌、真菌、寄生虫引起，以前两者多见，尤其是病毒。

2.饮食因素。喂养不当可引起腹泻，多为人工喂养儿，原因为：喂养不定时，饮食量不当，突然改变食物品种，或过早喂给大量淀粉或脂肪类食品；果汁，特别是那些含高果糖或山梨醇的果汁，可产生高渗性腹泻；肠道刺激物（调料、富含纤维素的食物）也可引起腹泻。

过敏性腹泻，如对牛奶或大豆等食物过敏而引起腹泻。

原发性或继发性双糖酶（主要为乳糖酶）缺乏或活性降低，肠道对糖的消化吸收不良而引起腹泻。

3.气候因素。气候突然变化、腹部受凉使肠蠕动增加；天气过热、消化液分泌减少或由于口渴饮奶过多等都可能诱发消化功能紊乱致腹泻。

饮食原则

1.腹泻发生后，短期禁食（6～8小时）以减轻胃肠负担，可口服少量5%葡萄糖盐水。

2.禁食后母乳喂养儿，先哺喂少量温开水后再哺以少量母乳，每次喂奶5～8分钟，间隔5～6小时1次，5～7天后恢复正常哺喂。

3.人工喂养儿可喂少量米汤，每次100毫升，逐渐采用5%米汤稀释牛奶，按1：1的比例混合哺喂，先每日3～4次，后再酌情增加次数，减少米汤量，增加奶量，直至正常。

饮食宜忌

不宜过多或过早喂给米糊或粥食等食品，以免发生碳水化合物消化不良及影响小儿生长发育。出生至3个月内婴儿母乳不足可喝牛奶或豆浆补充。无论用牛乳或代乳品均需要适当稀释以利于消化和吸收。

调理食谱

苹果红糖泥

材料 新鲜苹果200克，红糖适量

制用法

将新鲜苹果削皮，切片后放在碗中，隔水蒸至熟烂，然后加入红糖调拌成糊状即可。

功效 苹果纤维比较细腻，对肠道很少刺激。苹果含有鞣酸，具有收敛作用，并能吸附毒素，故适合于小儿腹泻、痢疾后食用。本品适宜6个月左右的腹泻小儿食用。

胡萝卜汤

材料 胡萝卜500克，白糖适量

制用法

胡萝卜洗干净，捣烂使成泥状，加水煮10分钟，用细筛将其过滤、去渣。然后加水稀释到1 000毫升，再加入5%白糖即成。

功效 胡萝卜含有果胶，能吸附细菌及其毒素，并使大便成形。

甜淡茶水

材料 红茶10克，白糖适量

制用法

红茶用开水冲泡后，将茶叶除去，按3%浓度加入白糖即成。

功效 茶叶有收敛的功效，对婴儿腹泻是一种很好的饮料。

病情特点

便秘是指肠管运动缓慢，水分吸收过多导致大便干燥坚硬，次数减少，排出困难。由于婴儿膳食种类较局限，常吃的食物中纤维素少而蛋白质成分较高，因此很容易发生便秘。婴儿便秘时，主要表现为每次排便时啼哭不休，甚至发生肛裂。

主要症状

家长应了解婴幼儿的排便次数是有个体差异的。有的孩子两天甚至3天大便1次，但小孩排便时，无痛苦表情，不哭闹，大便不干结，这种情况可以看做是正常的。如果持续排便不规律，大便干燥，且孩子哭闹、费力，那么就是便秘了。

小孩是否便秘，不能只依据排便频率为标准，而是要对小孩大便的质和量进行总体观察，并且要看对小孩的健康状况有无影响。每个小孩各自身体状况不同，因而每日正常排便次数也有差别。例如，完全食母乳的小孩每日排便次数可能较多，用牛奶及其他代乳品喂养的小孩则可能每日排便1次或2~3日1次，只要性状及量均正常，小孩又无其他不适，就是正常的。

饮食原则

对婴儿便秘，食物疗法是最理想的。

（1）母乳喂养婴儿的饮食

母乳喂养婴儿较少发生便秘，如果发生，除喂母乳外，加用润肠辅食，如加糖的菜水或橘子汁（应用新鲜橘子挤汁，市售瓶装橘汁开瓶后易污染）、西红柿汁、煮山楂或红枣水。4个月以上可加菜泥或煮熟的水果泥。

（2）人工喂养婴儿的饮食

人工喂养儿较易便秘，但如合理加糖及辅食可避免便秘。

把喂养婴儿的牛奶适当冲稀一些，增加宝宝水分的吸收，同时添加一小块奶糕或提高牛奶中糖分的分量（100毫升牛奶中加糖至10~12克），让奶糕和糖中的碳水化合物在肠道内延长食物的发酵过程，刺激肠道的蠕动，帮助通便。并可加喂果汁（如西红柿汁、橘汁、菠萝汁、枣汁以及其他煮水果汁）以刺激肠蠕动。

较大婴儿可加菜泥、菜末、水果、粥类等辅食，再大一些可加较粗的谷类食物如玉米粉、小米、麦片等制成粥。在1~2周岁，如已加了各种辅食，每天牛奶量500毫升即够，可多吃粗粮食品，如红薯、胡萝卜及蔬菜。有条件者可加琼脂果冻。

营养不良小儿便秘，要注意补充营养，逐渐增加量，营养情况好转后，腹肌、肠肌增长、张力增加，排便自然逐渐通畅。

调理食谱

黄芪芝麻糊

材料 黄芪5克，黑芝麻、蜂蜜各60克

制用法

黑芝麻炒香研末备用。黄芪水煎取汁，调芝麻、蜂蜜饮服，每日1剂，连续3~5天。

功效 可益气养血、润肠通便。适用于气虚便秘、排便无力、便后疲乏、汗出气短等。

芝麻杏仁糊

材料 芝麻、大米各90克，甜杏仁60克，当归10克，白糖适量

制用法

将芝麻、大米、甜杏仁浸水后磨成糊状备用，当归水煎取汁，调入药糊、白糖，煮熟服食，每日1剂，连续5天。

功效 可养血润燥。适用于血虚便秘。

蜜奶芝麻羹

材料 蜂蜜15~30克，牛奶100~200毫升，芝麻10~20克

制用法

将芝麻淘洗干净，晾干，炒热，研成细末。牛奶煮沸后，冲入蜂蜜，搅拌均匀，再将芝麻末放入，调匀即成。

功效 补中润肠，和胃生津。适用于婴儿久病体虚、肠燥便结等症。

小儿积食

病情特点

积食是因小儿喂养不当，内伤乳食，停积胃肠，脾运失司所引起的一种小儿常见的脾胃病证。临床以不思乳食，腹胀嗳腐，大便酸臭或便秘为特征。积食又称积滞。与西医学消化不良相近。本病一年四季皆可发生，夏、秋季节，暑湿易于困遏脾气，发病率较高。小儿各年龄组皆可发病，但以婴幼儿多见。常在感冒、泄泻、疳证中合并出现。

积食不是小问题，它会给宝宝的肠、胃、肾脏增加负担，引起宝宝恶心、呕吐、食欲不振、厌食、腹胀、腹痛、口臭、手足发热、皮色发黄、精神萎靡等症状，还可能造成肠、胃、肾脏的病变。

主要症状

1.宝宝在睡眠中身子不停翻动，有时还会咬咬牙。所谓食不好，睡不安。

2.宝宝最近大开的胃口又缩小了，食欲明显不振。

3.宝宝常说自己肚子胀，肚子疼。

4.可以发现宝宝鼻梁两侧发青。舌苔白且厚。还能闻到呼出的口气中有酸腐味。

如果宝宝有上述症状，那就是积食的表现了。积食会引起恶心、呕吐、食欲不振、厌食、腹胀、腹痛、口臭、手足发烧、皮色发黄、精神萎靡等症状。

饮食原则

发现孩子积食后，可先对孩子进行饮食调理，饮食以清淡为主，如多吃面条、面汤、青菜、水果等，少吃肉，适当增加米食、面食，高蛋白饮食适量即可，以免增加宝宝的肠胃负担。不吃膨化油炸食品，不喝饮料，多喝白开水。每顿饭吃八分饱，也可以给孩子煮些白萝卜水喝。

宝宝晚上不要吃得太饱。幼儿时期的宝宝白天活动量大，吃东西能消化，但晚上胃蠕动慢了，就容易积食。因此，晚上吃饭时，别让宝宝吃得太饱。即使喝配方奶，也要多加些水，少放一点儿奶粉。

宝宝刚睡醒后的1小时内不要进食，因为胃肠等内脏从休息状态运转到正常状态需要一点儿时间，这时候最好不要给它们增加负担，否则就容易造成积食。三餐要定时、定量。宝宝一日三餐要定时、定量，不能饥一顿饱一顿，影响消化功能的正常运转。

如果通过饮食调理，孩子积食症状得不到有效缓解，可以让孩子吃消食药。如果孩子大便干燥，可以让孩子吃肥儿丸消积、化滞，也可让孩子喝点健儿清解液帮助消积、清热。若孩子积食且咳嗽，可以喝点小儿消积止咳口服液等。

调理食谱

 糖炒山楂

材料 山楂、红糖各适量

制用法

红糖（如宝宝有发热的症状，可改用白糖或冰糖）入锅用小火炒化（为防炒焦，可加少量水），加入去核的山楂，再炒5~6分钟，闻到酸甜味即可。每顿饭后让孩子吃一点。

功效 清肺，消食。尤其是对付吃肉过多引起的积食。

 丁香姜汁奶

材料 丁香少许，姜汁20毫升，牛奶250毫升，白糖适量

制用法

将丁香、姜汁、牛奶放锅内煮沸，除去丁香，加入白糖即可。每天服1次，连服10天。

功效 益气养血，健脾开胃。

 大米胡萝卜粥

材料 胡萝卜250克，粳米50克

制用法

将胡萝卜洗净、切片，与粳米同煮为粥。空腹食，每日2次。

功效 宽中下气，消积导滞。适用于小儿积滞、消化不良。

寄生虫病

病情特点

寄生虫病是儿童时期最常见的一类病，对儿童的健康危害大，轻者出现消化不良、营养不良等症状，重者可致生长发育障碍，甚至致残或致命。人体寄生虫病对全球人类健康危害严重，广大发展中国家，特别是在热带和亚热带地区寄生虫病广泛流行；在经济发达的国家，寄生虫病也是公共卫生的重要问题。我国广大儿童的寄生虫病也是一个不可忽视的重要问题。

主要症状

（1）蛔虫病

患蛔虫病者常以排出蛔虫和粪检有蛔虫卵而确诊。常见症状有腹痛，食欲不振，患儿有择食或异食癖，喜欢吃生米或土块等。由于蛔虫能产生多种毒素，故可引起患儿精神萎靡或兴奋不安、头痛、易怒、睡眠不佳、磨牙等症状。蛔虫病还可并发蛔虫性肠梗阻、胆道蛔虫症、蛔虫性阑尾炎等。

（2）蛲虫病

大多数患儿无明显症状，仅在雌虫移行至肛门周围排卵时，可引起会阴部瘙痒，尤以夜间为甚。病情重者可出现恶心、呕吐、腹泻、腹痛等症状。一般患儿有食欲不振和好咬指甲的习惯。

（3）钩虫病

钩虫病轻者可无明显症状，一般以贫血、嗜酸性粒细胞增多及发热、咳嗽为主要症状。随着病情的发展，患儿可出现面色苍黄，皮肤干粗，毛发稀疏，营养发育差以及精神萎靡、表情淡漠等症状。

调理食谱

 ### 大蒜饮

材料 大蒜10克，白糖适量

制用法

将大蒜剥去皮，放入碗内，捣成蒜泥，加入白糖和沸水，调匀。此饮料空腹时服，每日1次，连服7日，可杀死腹内蛲虫。

功效 此饮能温中消食、行滞气、暖脾胃、消积、解毒、杀虫。

 ### 使君子蒸肉

材料 使君子5～10克，猪瘦肉100克，盐少许

制用法

将使君子去壳，取出肉用；猪瘦肉洗净；将使君子、猪瘦肉一起剁碎和匀，加入少许盐，做成肉饼。将使君子肉饼放入盘内，隔水用旺火蒸熟或蒸饭时放在饭上面蒸熟即成。

功效 此方可对婴幼儿因患蛔虫病而致颜面苍白、日渐消瘦、腹胀且痛、口渴烦躁等症状有调理作用，可望逐渐消除，恢复健康。

肥胖症

病情特点

肥胖症分两大类，无明显病因者称单纯性肥胖症，儿童大多数属此类；有明显病因者称继发性肥胖症，常由内分泌代谢紊乱、脑部疾病等引起。

体重超过同性别、同身高参照人群均值的20%即可称为肥胖。小儿单纯性肥胖症在我国呈逐步增多的趋势，目前约占5%～8%。肥胖不仅影响儿童的健康，且儿童期肥胖可延续至成人，容易引起高血压、糖尿病、冠心病、胆石症、痛风等疾病，对本病的防治应引起社会及家庭的重视。

发病原因

病因迄今尚未完全阐明，一般认为与下列因素有关。

1.营养过度。营养过多致摄入热量超过消耗量，多余的热量以脂肪形式储存于体内致肥胖。婴儿喂养不当，如每次婴儿哭时，就立即喂奶，久之养成习惯，以后每遇挫折，就想找东西吃，易致婴儿肥胖，或太早喂婴儿高热量的固体食物，使体重增加太快，形成肥胖症。妊娠后期过度营养，成为生后肥胖的诱因。

2.心理因素。心理因素对肥胖症的发生起重要作用。情绪创伤或心理障碍如父母离异、丧父或母、虐待、溺爱等，可诱发胆小、恐惧、孤独等，从而造成不合群、少活动或以进食为自娱，导致肥胖症。

3.缺乏活动。儿童一旦肥胖形成，由于行动不便，更不愿意活动，以致体重日增，形成恶性循环。某些疾病也可导致活动过少，消耗热量减少，发生肥胖症。

饮食原则

鉴于小儿正处于生长发育阶段以及肥胖治疗的长期性，故多推荐低脂肪、低糖类和高蛋白食谱。食物的体积在一定程度上会使患儿产生饱腹感，故应鼓励其多吃体积大而热能低的蔬菜类食品，萝卜、胡萝卜、青菜、黄瓜、西红柿、莴苣、苹果、柑橘、竹笋等均可选择。

食物宜采用蒸、煮或凉拌的方式烹调，应减少容易消化吸收的碳水化合物（如蔗糖）的摄入，不吃糖果、甜糕点、饼干等甜食，尽量少食面包和土豆，少吃脂肪性食品，特别是肥肉，可适量增加蛋白质饮食，如豆制品、瘦肉等。

良好的饮食习惯对减肥具有重要作用，如避免晚餐过饱、不吃夜宵、不吃零食、少吃多餐、减慢进食速度、细嚼慢咽等。平时不要让患儿看到美味食品，以免引起食欲中枢兴奋。

调理食谱

冬瓜汤

材料 连皮带籽冬瓜500克，陈皮3克，葱、姜片、盐、味精各适量

制用法

洗净连皮带籽冬瓜，切成块，放锅内，加陈皮、葱、姜片、盐，并加适量水，用文火煮至冬瓜熟烂，加味精即成。

功效 冬瓜清热渗湿，清痰排脓，利水消肿，有较好的减肥清身效用。冬瓜籽偏于利湿，故用冬瓜边皮带籽，以求增加减肥效果。陈皮理气、健脾、燥湿。葱、姜通阳、化饮、利水。几品合用，有助于减肥轻身。

清蒸凤尾菇

材料 鲜凤尾菇500克，盐3克，味精2克，香油、鸡汤各适量

制用法

将鲜凤尾菇去杂洗净，用手沿菌褶撕开，使菌褶向上，平铺在汤盘内（在撕凤尾菇之前，最好下入沸水中烫一下，以起到杀菌消毒作用），然后在菌菇上加入盐、味精、香油、鸡汤，置笼内清蒸，蒸熟后取出即成。

功效 凤尾菇含有较多的蛋白质、氨基酸、维生素等物质，几乎没有脂肪，而且具有补中益气、降血脂、降血压、降胆固醇效果，适用于肥胖病儿童食用。

营养性贫血

病情特点

贫血有缺铁性贫血、营养不良性贫血、巨幼红细胞性贫血、再生障碍性贫血、溶血性贫血几种类型。但大多数患者属于缺铁性贫血。

缺铁性贫血是婴幼儿时期最常见的一种贫血。其发生的根本病因是体内铁缺乏，致使血红蛋白合成减少而发生的一种小细胞低色素性贫血。缺铁性贫血小儿表现症状为烦躁不安、精神差、不爱活动、疲乏无力、食欲减退及口唇、眼结膜、指甲、手掌苍白等。治疗小儿缺铁性贫血除使用含铁剂的药物外，药膳食疗不失是一种安全的治疗方法。

本病以婴幼儿发病率最高，严重危害小儿健康，是我国重点防治的小儿常见病之一。

主要症状

一般表现：皮肤、黏膜苍白。贫血时皮肤（面、耳轮、手掌等）、黏膜（睑结膜、口腔黏膜）及甲床呈苍白色；重度贫血时皮肤往往呈蜡黄色，易误诊为轻度黄疸；相反，伴有黄疸、青紫或其他皮肤色素改变时可掩盖贫血的表现。此外，病程较长的患儿还常有易疲倦、毛发干枯、营养低下、体格发育迟缓等症状。

各系统症状：

1.循环和呼吸系统：贫血时可出现呼吸加速、心率加快、脉搏加强、动脉压增高，有时可见毛细血管搏动。重度贫血失代偿时，则出现心脏扩大，心前区收缩期杂音，甚至发生充血性心力衰竭。

2.消化系统：胃肠蠕动及消化酶分泌功能均受影响，出现食欲减退、恶心、腹胀或便秘等。偶有舌炎、舌乳头萎缩等。

3.神经系统：常表现精神不振，注意力不集中，情绪易激动等。年长儿可有头痛、昏眩、眼前有黑点或耳鸣等。

饮食原则

一般动物性食品铁的吸收率较高，可达10%～20%。常用的含铁较多的食物有动物肝脏、动物血、猪心、猪肚、瘦肉、鸡蛋黄、木耳、蘑菇、黑豆、黄豆及其制品、油菜、杏、桃、李子、葡萄干、红枣、橘子、柚子、无花果等。另外，橘子、广柑、酸枣、猕猴桃、西红柿、红枣等干鲜水果中含有丰富的维生素C，可促进铁的吸收，故应经常食用。

调理食谱

蛋黄粥

材料 大米250克，蛋黄70克

制用法

将大米淘洗干净，放入锅内，加水用旺火煮开后，转微火熬成黏粥；把蛋黄放入碗内，捣碎后加入粥锅内，煮几分钟即成。

功效 此蛋黄可供给婴幼儿丰富的蛋白质、维生素、铁、钙等，达到预防小儿贫血、补脑益智的作用。

麻花糊

材料 黑芝麻、花生仁（连衣）各适量，白糖15克

制用法

将黑芝麻、花生仁洗净，放入炒锅中，炒熟，研成粉末，每次各取15克，加入热开水120～150毫升，调成糊状。再加入白糖调味即可。趁温食用。每日1剂，1次食完，可长期食用。

功效 润肠、通便，养血、补血。适用于缺铁性贫血，但出现腹泻者应停用。

韭菜炒羊肝

材料 韭菜150克，羊肝100克，植物油、姜丝、盐、黄酒各适量

制用法

取韭菜洗净，切成3厘米长的段备用。羊肝洗净切成薄片备用。将锅用大火加热，下植物油，烧至八成热后，先下姜丝爆香，再下羊肝片和黄酒炒匀再放韭菜和盐，急炒至熟。佐餐食用。

功效 补肾壮阳，生精补血，养肝明目。

清炒猪血

材料 猪血500克，姜少许，料酒、盐、鸡精、植物油各适量

制用法

将猪血清洗干净，切成大块备用；姜洗净切成丝备用。将锅置于火上，加入适量清水烧沸，放入猪血块氽烫片刻，捞出沥干水分，改切成小块。锅内加入植物油烧至七成热，倒入猪血，加入料酒、姜、盐，翻炒均匀，起锅前加鸡精调味即可。

功效 补血养心，镇惊止血。

大枣粥

材料 大枣50克，粳米100克，冰糖适量

制用法

大枣、粳米淘洗干净，放入锅内，熬煮成粥。取冰糖少许放入锅内，加少许水，熬成冰糖汁，再倒入粥锅内，搅拌均匀即成。每日早、晚餐均可食用。

功效 可益肝温肾、养血明目。

小儿遗尿

病情特点

遗尿症俗称尿床，通常指小儿在熟睡时不自主地排尿。没有明显尿路或神经系统器质性病变者称为原发性遗尿，约占70%～80%。继发于下尿路梗阻、膀胱炎等疾患者称为继发性遗尿。患儿除夜间尿床外，日间常有尿频、尿急或排尿困难、尿流细等症状。由尿道口受刺激、脊椎疾病、糖尿病等引起的熟睡时排尿不属遗尿症。

据统计，4岁半时有尿床现象者占儿童的10%～20%，6～7岁的孩子发病率最高。9岁时约占5%，而15岁仍尿床者只占2%。本病在性别比例中，男孩与女孩的比例约为2∶1。遗尿症的患儿，多数能在发病数年后自愈，女孩自愈率更高，但也有部分患儿如未经治疗，症状会持续到成年以后。

3岁以下的婴幼儿由于生理发育不健全，排便自控能力尚未成熟；或学龄儿童因白天贪玩疲劳过度，睡前多饮等原因，偶尔发生尿床，均不属病态。遗尿症易使儿童遭受精神上的威胁而产生自卑感，进而影响儿童体格及智力发育。

饮食原则

1.宜吃具有温补固涩作用的食物。肾气不足者宜食糯米、鸡内金、鱼鳔、山药、莲子、韭菜、黑芝麻、桂圆、乌梅等。

2.宜吃具有清补作用的食物。肝胆火旺者宜食粳米、薏米、山药、莲子、鸡内金、豆腐、银耳、绿豆、赤豆、鸭肉等。

3.宜吃干饭。患儿晚餐宜吃干饭，以减少摄水量。

4.宜吃动物性食物。宜吃猪腰、猪肝和肉等食物。

饮食禁忌

1.辛辣、刺激性食物。小儿神经系统发育不成熟，易兴奋，若食用这类食物，可使大脑皮质的功能失调，易发生遗尿。

2.白天限制饮水。对于小儿遗尿者，白天不要过度限制其饮水量，要求患儿每日至少有1次随意保留尿液到有轻度胀满不适感，以锻炼膀胱功能。

3.晚餐后饮水多。下午4时以后，督促小儿控制饮水量，忌用流质饮食，晚餐尽量少喝水，以免加重肾脏负担，减少夜间排尿量。

4.多盐、糖和生冷食物。多盐多糖皆可引起多饮多尿，生冷食物可削弱脾胃功能，对肾无益，故应禁忌。

5.玉米、薏苡仁、赤小豆、鲤鱼、西瓜。这些食物因味甘淡，利尿作用明显，可加重遗尿病情，故应忌食。

调理食谱

白果羊肉粥

材料 白果10~15克，羊肾150克，羊肉、粳米各50克，葱白3克

制用法

将羊肾洗净，去臊腺脂膜，切成细丁；葱白洗净切成细节；羊肉洗净；白果、粳米淘净，再同放入锅内，加水适量熬粥，待肉熟米烂成粥时即成。吃羊肾、羊肉、白果，喝粥，每日2次，温热食。

功效 补肾止遗，适用于小儿遗尿。

荔枝枣泥羹

材料 荔枝400克，红枣100克，白糖少许

制用法

将荔枝去皮、核，红枣去核捣成枣泥，加清水适量、白糖少许，入锅中煮熟即成。空腹食用。

功效 补脾生血，止遗尿。适宜于消化不良、食少纳呆、贫血出血、夜间尿频等患者经常食用。

白果炖猪膀胱

材料 新鲜猪膀胱500克，白果15克，薏米、莲子各适量，白胡椒8克

制用法

新鲜猪膀胱切开、洗净，装入白果，或加薏米、莲子，撒入白胡椒。炖烂后分次食用。

功效 固肾缩尿。适用于小儿体虚遗尿，小便无力，周身疲累，纳差者。

睑腺炎

病情特点

睑腺炎，又称麦粒肿、针眼，是眼睑也就是眼皮最常见的急性炎症。

初起时，患儿眼睑边缘出现局限性红肿，因为疼痛而不让人触摸。3~4天后，红肿的中央皮肤颜色变为黄白色，并可见到脓头。如果脓头自行破溃或经手术脓液引流排出后，红肿会很快消退，整个病程约1周。由于睑板腺比睫毛根部的腺体大，并且睑板本身结构坚韧，所以内麦粒肿的疼痛要比外麦粒肿厉害。

需要家长注意的是，长在内、外眼角的麦粒肿，特别是内麦粒肿，在其附近的眼球表面常常会出现一个"水泡"，家长不要为此紧张，这是因为麦粒肿压迫周围的组织引起的球结膜水肿。随着病情的缓解，"水泡"会随之消失。

日常护理

患了麦粒肿后要及时治疗，因为早期症状轻微，通过局部治疗往往就能控制其发展，炎症可很快消退而治愈。

治疗时一般白天滴消炎眼药水，如托白士、泰力必妥等，每3~4小时1次。晚上入睡前涂消炎眼膏，如金霉素、红霉素眼膏等。

如果患儿能很好配合，还可辅以温水热敷治疗。热敷能扩张血管，改善局部的血液循环，对促进炎症吸收、缩短病程很有帮助。具体的做法是，用清洁毛巾浸热水后稍拧干直接敷在患眼皮肤上，每天2~3次，每次20~30分钟。热毛巾的温度约45℃左右，家长可先用手背或自己的眼睑皮肤试温，以患儿能接受为度。

如治疗不及时，除局部出现红肿外，还伴有发热、怠倦等全身症状时，应该加用抗生素，如阿莫西林、红霉素，或肌肉注射青霉素等。对已经出现脓头的麦粒肿，可待脓肿成熟后，进行切开排脓治疗。

饮食原则

1.患者局部表现为红、肿、热、痛以及口苦咽干等症状，呈热毒旺盛之证候，故宜选用清热、凉血、生津之瓜果、蔬菜，例如西瓜、黄瓜、苦瓜等，或多饮水、菜汤等导其毒热随小便而解。

2.患者除局部烘热、赤痛外，常可兼见发热恶寒、全身不适等症状，故宜以清淡、易于消化吸收之食物为主，忌食辛热炙、肥甘油腻等助热、生火之物，可选食稀粥、面汤等易于消化吸收的食物。

3.经常反复发作者，多因其脾虚气弱，正不胜邪所致，平时药食宜用扶脾益气、养血和营之品，如山药、当归，用以扶正托毒，驱邪外达。

4.该病治疗以凉散为原则，选用药食要有助于清热解毒，忌食腥燥发物，例如公鸡、鲤鱼、虾、羊肉、猪头肉等，对辛辣煎炸刺激之品亦应忌之。

调理食谱

栀子仁粥

材料 栀子仁6克（捣为末），粳米50克

制用法

粳米煮粥，临熟时下栀子仁末，搅匀，趁温服之。佐餐，每日1剂。

功效 清热解毒，凉血和胃。主治麦粒肿，证属心肝火旺，症见目赤肿痛者。

夏枯草煮鸡蛋

材料 夏枯草120克，鸡蛋50克，薄荷20克

制用法

夏枯草、鸡蛋各适量加水同煮，蛋熟去壳，继煮，再加入薄荷，煮约10分钟即可。吃鸡蛋喝汤，每日1剂。

功效 清肝明目。主治麦粒肿，证属病久邪盛正已虚者。

拔丝山药

材料 山药500克，白糖150克，植物油适量

制用法

将山药洗净去皮，切成滚刀块，放入开水中烫过，沥干水分，置油锅内炸至五成热，皮呈黄色捞出。炒锅内放植物油50毫升，文火烧至四成热，放入白糖，至金黄色起泡时，倒入山药，将锅离火炒匀，即可食用。

功效 和胃健脾，固肾益精。主治麦粒肿，证属脾胃虚弱，正虚邪实，症见目赤肿痛反复发作者。

湿疹

病情特点

婴儿湿疹俗称奶癣，是2岁内宝宝的常见疾病，尤以1岁内最多，约占80%。

患儿有异常过敏体质。某些食物、温度、紫外线、日光、动物羽毛、肥皂、寒冷、湿热，或者接触丝织品、人造纤维都能诱发湿疹。婴儿湿疹病情迁延，还会为今后患过敏性疾病留下隐患，因此正确防护是关键。

主要症状

婴儿湿疹于春季多见。皮疹大多发生在面颊、额部、眉间和头部，严重时躯干四肢都有，容易反复发作。

最初表现为宝宝的两颊发痒，皮肤发红，继而出现较密集的小米粒样皮疹，即红色丘疹或疱疹，后融成片，水疱破后流黄色渗出液，水干后结黄痂。皮损常常是对称性分布。

日常护理

1.湿疹重时不要洗澡，最好不洗头、洗脸；平时洗澡时水温不宜过热，不要用肥皂。

2.宝宝的用具单放，专用。

3.宝宝的房间要保持空气通畅，保持清洁卫生，减少灰尘刺激。

4.皮肤保持清洁，避免搔抓、晒太阳、风吹。

5.患湿疹期间最好把宝宝的指甲减短，或用纱布把手包起来，以防抓破皮肤引起感染。

6.对头皮脂溢型湿疹千万不能用肥皂水洗，只需经常涂一些植物油，使痂皮逐渐软化，然后用梳子轻轻地梳理掉。

7.避免毛织品、胶布、衣服直接与皮肤接触。

8.给宝宝穿柔软透气的棉布衣服，勤换、洗尿布，勤换衣服，衣服不要穿得太厚、太紧。

9.患湿疹期间不要接种疫苗。

饮食原则

食物是引起湿疹的重要原因。对有过敏体质的宝宝，最好的预防方法是纯母乳喂养。

1.无母乳时如果怀疑宝宝对牛奶过敏，又无母乳，可改用豆奶，或将牛奶加热多煮些时间，使牛奶蛋白变性以减少过敏。如果添加蛋黄、鱼、虾，宜推迟到7个月以后。增添辅食时要由少到多，一种一种地添加，以便观察宝宝对何种食物过敏。

2.已患湿疹时避免食用鱼、虾、蟹等海产品以及刺激性较强的酸辣食物。给宝宝多吃些清淡、易消化、含有丰富维生素和矿物质的食品，如豆制品、胡萝卜、瘦肉、绿叶蔬菜、苹果等，调节宝宝的生理功能，减轻皮肤过敏反应。宝宝的饮食尽可能是新鲜的，避免让宝宝吃含气、含色素、含防腐剂或稳定剂、含膨化剂等的加工食品。

调理食谱

玉米须心汤

材料 玉米须15克，玉米心30克，冰糖适量

制用法

先煎玉米须、玉米心，去渣取汁，加冰糖调味饮用，每日1次，可连服5～7天。

功效 玉米须性平，味甘淡，无毒，有清利湿热之功。湿疹多由湿邪所致，所以，用玉米须内服外敷治疗，能收到良好效果。

荷叶粥

材料 粳米50克，鲜荷叶、白糖各少许

制用法

粳米以常法煮粥，待粥将熟时取鲜荷叶一张洗净，覆盖粥上，再微煮片刻，揭去荷叶，粥成淡绿色，调匀即可，食时可加白糖少许。

功效 清暑热，利水湿，散风解毒，适用于婴儿湿疹，头额、头皮等出现丘疹或疱疹。

绿豆海带粥

材料 绿豆30克，水发海带50克，红糖、糯米各适量

制用法

水煮绿豆、糯米成粥，调入切碎的水发海带末，再煮3分钟加入红糖即可。

功效 此粥有清热、利湿之功效，治疗湿疹效果良好。

百日咳

病情特点

百日咳流行较广，一年四季都可发生，但以冬末春初多见。

任何年龄的儿童都可罹患本病，尤以1~6岁为多。百日咳是小儿常见的急性呼吸道传染病。它是由百日咳嗜血杆菌感染引起，这种细菌是通过飞沫直接传播的（一般在距离人2.5米的范围内），患儿从发病前1~2天到病程6周后，均有传染性。

主要症状

百日咳的临床症状以咳嗽逐渐加重，继而有阵发性痉挛性咳嗽，咳毕有特殊的鸡啼样吸气性回声为主要特征，病程可拖延2~3个月以上。临床上分为初咳期、痉咳期和恢复期三个时期。

初咳期临床表现：初起咳嗽、喷嚏、流涕，或发热等伤风感冒症状。2~3日后咳嗽日渐增剧，痰稀白、量不多或痰稠不易咯出，咳声不畅，咳嗽以入夜为重，苔薄白。

痉咳期临床表现：阵发性咳嗽，日轻夜重，咳剧时伴有深吸气样的鸡鸣声，必待吐出痰涎及食物后，痉咳才得暂时缓解，但不久又复发作，而且一次比一次加剧。并可见眼角青紫及结膜下出血。婴幼儿时期还可引起窒息和抽风。

恢复期临床表现：顿咳症状开始好转，咳嗽逐渐减轻，一般需经过3周才咳止。

饮食原则

● 宜吃食物

1.应多吃新鲜蔬菜、水果，如菠菜、萝卜、丝瓜、冬瓜、鲜藕及橘、梨、枇杷等。适当佐入清肺润肠之品，保持大便通畅，如香蕉等。

2.宜吃具有顺气、化痰、宜肺、降逆、止咳作用的食物：豆腐、大蒜、猪胆、牛胆、鸡苦胆、猪小肠、核桃仁、麻雀肉、罗汉果、栗子、刀豆等。

3.饮食应清淡、易消化，应以牛奶、米粥、汤面、菜泥等流质、半流质饮食为主。因病程较长，注意选择热能高，含优质蛋白质，营养丰富的食物。

● 忌吃食物

1.忌吃姜、蒜、辣椒等辛辣食物及肥肉、油炸食品等肥腻食物。

2.百日咳对海腥、河鲜类食物很敏感，如海虾、带鱼、蚌肉、淡菜、河海鳗、螃蟹等。

3.百日咳患儿往往在食入生冷食物后咳嗽加剧，特别是棒冰、冰冻汽水、冰淇淋。

4.百日咳患儿还应当忌吃龙眼肉、石榴、梅子、腌制咸酱瓜、咸海味、咸蛋、韭菜、洋葱、丁香、肉桂、人参、黄芪等；忌吃芫荽、香椿头等；忌吃糍粑、糯米饭、炒花生、炒黄豆等。

调理食谱

银耳粥

材料 银耳30克，粳米50克，冰糖20克

制用法

银耳、粳米、冰糖同煮成粥。每日2次，热服。

功效 补脾滋肺，适用于脾肺气阴两虚之证。用于百日咳恢复期。

沙参百部粥

材料 沙参、麦冬各15克，百部10克，粳米150克

制用法

沙参、麦冬、百部同煎取汁，调入半熟的粳米粥内，同煮至熟。每日2次，热服。

功效 补脾益肺、止咳化痰。用于百日咳恢复期。

八宝糯米粥

材料 芡实、薏苡仁、白扁豆、莲肉、山药、红枣、桂圆、百合各6克，粳米150克，白糖适量

制用法

除粳米、白糖外的所有材料入砂锅中加水适量煮40分钟，入粳米，煮烂成粥后调入白糖适量即可食用。

功效 适用于百日咳恢复期。

手足口病

病情特点

手足口病是由多种肠道病毒引起的常见传染病，以婴幼儿发病为主，特别4岁以下的宝宝容易得这种病。夏秋之交都有发病，9月是高峰期，家长需要注意。大多数患者症状轻微，宝宝患了手足口病，又是咳嗽又流口水，还不爱吃东西，嗓子里还有一些小水泡。最典型的起病过程是中等热度发热（体温在39℃以下），进而出现咽痛，手、足、口腔等部位的皮疹或疱疹为主要特征。少数患儿会有神经系统症状，并发无菌性脑膜炎和皮肤继发感染，但极少有后遗症。

日常护理

如不是重症患儿，一般无需住院观察，可看门诊后遵医嘱回家悉心护理。

在护理过程中可遵循如下五大要点：

1.一旦发现宝宝感染了手足口病，应及时就医，避免与外界接触。一般需要隔离2周左右。

2.口腔疼痛会导致宝宝拒食、流涎、哭闹不眠等，所以要保持宝宝口腔清洁。

3.体温在37.5℃～38.5℃之间的宝宝，要注意给宝宝散热、降温。可以通过多喝温水或洗温水浴等方法降温。

4.如果宝宝在夏季得病，容易造成脱水和电解质紊乱，需要给宝宝适当补水和营养。宝宝宜卧床休息1周，多喝温开水。

5.宝宝患病后因发热、口腔疱疹，胃口较差，不愿进食。宜给宝宝吃清淡、温性、可口、易消化、柔软的流质或半流质食物，禁食冰冷、辛辣、咸等刺激性食物。

饮食原则

手足口病各阶段不同饮食：

第一阶段：病初。嘴疼、畏食。饮食要点：以牛奶、豆浆、米汤、蛋花汤等流质食物为主，少食多餐，维持基本的营养需要。为了进食时减少嘴疼，食物要不烫、不凉，味道要不咸、不酸。可用吸管吸食，减少食物与口腔黏膜的接触。

第二阶段：烧退。嘴疼减轻。饮食以泥糊状食物为主。举例：牛奶香蕉糊。牛奶提供优质蛋白质；香蕉易制成糊状，富含碳水化合物、胡萝卜素和果胶，能提供热能、维生素，且润肠通便。

第三阶段：恢复期。饮食要多餐。量不需太多，营养要高。如鸡蛋羹中加入少量菜末、碎豆腐、碎蘑菇等。大约10天恢复正常饮食。也有说法"全素，不动荤腥"。完全吃素，把牛奶、鸡蛋等营养品排除在外，营养质量不够，缺少优质蛋白质，而抗体是一种蛋白质，故全素不妥。

调理食谱

木瓜牛奶汁

材料 木瓜200克，牛奶100毫升

制用法

木瓜去皮、切块，放入搅拌器中打成泥；取出木瓜泥倒进牛奶里搅拌均匀即可。

功效 牛奶营养丰富，可以提高宝宝的抵抗力，使宝宝的身体健康，防御疾病的攻击。

时令鲜藕粥

材料 鲜藕150克，粳米100克，红糖适量

制用法

1.把鲜藕洗净切成薄片。

2.将粳米、藕片、红糖放入锅内，加适量清水，用大火烧沸后，转用小火煮至米烂成粥。佐餐食用。

功效 莲藕生用性寒，有清热、凉血作用，可用来治疗热性病症。

西红柿胡萝卜汁

材料 西红柿80克，胡萝卜100克

制用法

将西红柿和胡萝卜去皮、洗净切成丁，放入榨汁机中，加适量水榨成汁即可。

功效 西红柿和胡萝卜都含有大量的营养素，可以满足宝宝营养素的需求。另外西红柿中的番茄红素还能提高身体的抗氧化能力。

图书在版编目（CIP）数据

宝宝健康营养餐与辅食大全 / 艾贝母婴研究中心编著.
-- 成都 ：四川科学技术出版社，2015.7
ISBN 978-7-5364-8120-6

Ⅰ．①宝… Ⅱ．①艾… Ⅲ．①婴幼儿－食谱 Ⅳ.
①TS972.162

中国版本图书馆CIP数据核字（2015）第152203号

书名：宝宝健康营养餐与辅食大全
　　　BAOBAO JIANKANG YINGYANGCAN YU FUSHI DAQUAN

出 品 人：钱丹凝
编 著 者：艾贝母婴研究中心
责 任 编 辑：杨晓黎
封 面 设 计：高 婷
责 任 出 版：欧晓春
出 版 发 行：四川科学技术出版社
　　　　　　地址：成都市槐树街2号　邮政编码 610031
　　　　　　官方微博：http://weibo.com/sckjcbs
　　　　　　官方微信公众号：sckjcbs
　　　　　　传真：028-87734039
成 品 尺 寸：200mm×200mm
印 　 张：12
字 　 数：370千
印 　 刷：北京毕氏风范印刷技术有限公司
版次/印次：2015年8月第1版　2015年8月第1次印刷
定 　 价：32.80元

ISBN 978-7-5364-8120-6

本社发行部邮购组地址：成都市槐树街2号
电话：028-87734035　邮政编码：610031